Adobe创意大学运维管理中心推荐教材

中文版 Illustrator

全套商业案例
项目设计

张 心 编著

U0390600

案例典型　讲解到位　效果精美　物超所值

23种广告类型，490多分钟高清视频，800多张精美图片，全程讲解制作过程 。

北京希望电子出版社
Beijing Hope Electronic Press
www.bhp.com.cn

内 容 简 介

　　本书是一部关于使用 Illustrator 软件进行全套商业案例项目设计的实用宝典，包括 23 种广告类型，通过 490 多分钟的高清视频、800 多张精选的图片，全程讲解这些广告类型的制作，如报纸广告、杂志广告、海报招贴、喷绘广告、POP 广告、DM 广告、宣传画册、灯箱广告、网络广告、网页版式、Banner广告、公益广告、创意标志、企业 VI、企业信封、商业文字、商业挂历、产品 UI、APP 界面、商业插画、卡通漫画、书籍装帧和产品包装等。

　　本书案例典型，讲解到位，效果精美，物超所值，适合 Illustrator 软件的中、高级用户及各类平面设计师阅读学习，也可作为大中专院校及 Illustrator 软件培训班的辅导教材。

　　本书配套光盘内容包括书中案例的素材文件、效果文件和视频教学文件。

图书在版编目（CIP）数据

中文版 Illustrator 全套商业案例项目设计/ 张心编著.
—北京：北京希望电子出版社，2016.3
ISBN 978-7-83002-228-0

I.①中⋯　II.①张⋯　III.①图形软件　IV.①TP391.41

中国版本图书馆 CIP 数据核字（2015）第 202599 号

出版：北京希望电子出版社
地址：北京市海淀区中关村大街 22 号
　　　中科大厦 A 座 9 层
邮编：100190
网址：www.bhp.com.cn
电话：010-62978181（总机）转发行部
　　　010-82702675（邮购）
传真：010-82702698
经销：各地新华书店

封面：深度文化
编辑：李小楠
校对：方加青
开本：787mm×1092mm　1/16
印张：20（全彩印刷）
字数：442 千字
印刷：北京天宇万达印刷有限公司
版次：2016 年 3 月 1 版 1 次印刷

定价：69.80 元（配 1 张 DVD 光盘）

1.2 报纸广告设计——房地产广告

1.3 知识链接——直线段工具

2.1.1 杂志广告的特点

2.3.1 矩形工具

2.2 杂志广告设计——豪华汽车

2.3.2 圆角矩形工具

2.3.3 椭圆工具

2.3.5 星形工具

2.3.6 光晕工具

3.1.1 海报招贴的起源

3.1.2 海报招贴的分类

3.1.3 海报招贴设计的要素

3.1.3 海报招贴设计的要素

3.2 海报招贴广告设计——水墨画展

4.2 喷绘广告设计——雅怡花苑

5.1.2 POP广告的传播渠道

5.2 POP广告设计——商场节庆广告

5.3 知识链接——"羽化"命令

6.3 知识链接——"铜版雕刻"命令

7.1.1 宣传画册的种类

6.2 DM广告设计——皇家酒店

7.2 宣传画册设计——恋心首饰

8.2 灯箱广告设计——山峰情怀

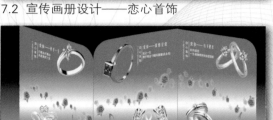

7.2 宣传画册设计——恋心首饰

8.2 灯箱广告设计——山峰情怀

9.1.1 网络广告的概念

9.3.1 复制与粘贴

9.2 网络广告设计——促销活动

10.2 网页版式设计——婚礼摄影网

10.3 知识链接——"比例缩放"对话框

11.2 Banner广告设计——澳海花园

12.2 公益广告设计——停止屠杀

11.3.4 转换锚点工具

13.2 Logo标志设计——企业标志

14.1.2 VI的构成要素

14.2 办公应用系统——名片

14.3 知识链接——"投影"命令

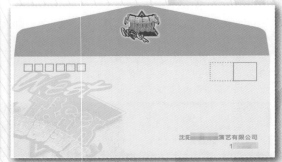

15.1.2 信封的设计规范

15.2 企业信封设计——《凤舞》信封

16.2 商业文字设计——霓虹灯文字

16.2 商业文字设计——霓虹灯文字

16.3 知识链接——晶格化工具

17.1.2 挂历的作用

17.2 商业挂历设计——家在
幸福里

18.2 产品UI设计——耳机

19.2 APP界面设计——手机游戏

19.3 知识链接——"内发光"命令

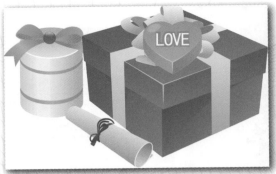

20.1.1 插画的概念

20.1.2 插画的三要素

20.1.3 商业插画的分类

20.2 插画设计——浪漫海岸

20.3.2 使用"光晕工具"精确制作光晕效果

20.3.3 对光晕效果进一步进行编辑

21.1.2 卡通漫画人物的造型特点

21.2 卡通漫画设计——QQ表情

21.3.2 调整路径

22.1.1 书籍装帧设计的定义

22.2 书籍装帧设计——
《成长记》

22.2 书籍装帧设计——《成长记》

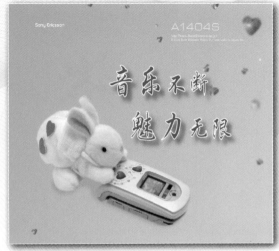

22.3.1 使用"字符"面板

22.3.2 使用"段落"面板

22.3.3 使用工具属性栏

23.1.1 包装设计的分类

23.1.1 包装设计的分类

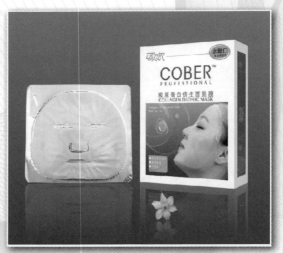

23.1.1 包装设计的分类

23.1.6 包装设计的色彩

23.1.6 包装设计的色彩

23.2 产品包装设计——茶叶
包装

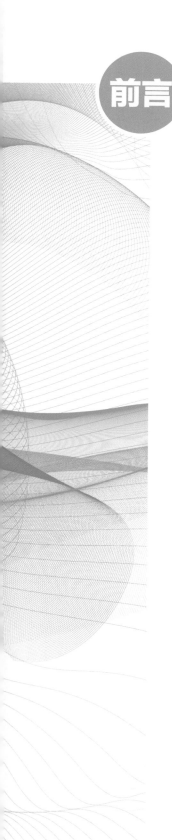

前言

本书简介

中文版Illustrator是Adobe公司开发的一款功能强大的矢量图形设计软件，它集图形设计、文字编辑和高品质输出于一体，现被广泛应用于各类广告设计，如海报招贴、企业VI、POP广告、插画艺术、杂志广告和商品包装等，是目前世界上最优秀的矢量图形软件之一。本书从商业案例项目设计出发，介绍了Illustrator软件技术及各相关领域的设计知识。

本书共分23章，具体内容包括报纸广告设计、杂志广告设计、海报招贴设计、喷绘广告设计、POP广告设计、DM广告设计、宣传画册设计、灯箱广告设计、网络广告设计、网页版式设计、Banner广告设计、公益广告设计、创意标志设计、企业VI设计、企业信封设计、商业文字设计、商业挂历设计、产品UI设计、APP界面设计、商业插画设计、卡通漫画设计、书籍装帧设计、产品包装设计等。

本书特色

● 23章专题技术讲解

本书用23章专题对中文版Illustrator商业案例项目设计的制作方法和制作技巧进行了专业讲解，让读者快速地掌握软件应用与设计知识。

● 70多个专家提醒及技巧点拨

书中附有作者在使用软件过程中总结的经验技巧，全部奉献给读者，方便读者提升实战技巧与设计经验。

● 490多分钟视频演示

书中所介绍的技能实例的操作，全部录制了带语音讲解的演示视频，共490多分钟，读者可以独立观看视频演示进行学习。

● 800多张图片全程图解

在写作过程中，避免了冗繁的文字叙述，通过800多张操作截图来展示软件具体的操作方法，做到图文对照、简单易学。

本书编者

本书由张心编著，参加编写的人员还有柏松、谭贤、张

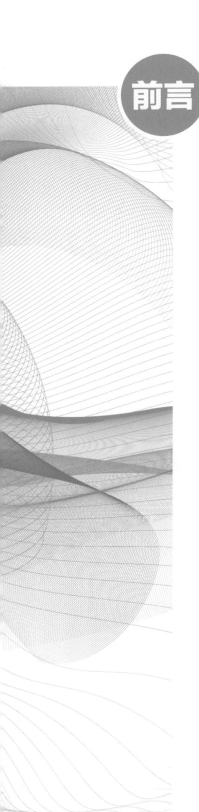

前言

卉、罗林、刘嫔、苏高、曾杰、罗权、罗磊、杨闰艳、周旭阳、袁淑敏、谭俊杰、徐茜、杨端阳、谭中阳、黄英、田潘、王力建、张国文、李四华、吴金蓉、陈国嘉、蒋珍珍、蒋丽虹等。书中难免存在疏漏与不妥之处，欢迎广大读者来信咨询和指正。

版权声明

编著者

目录

目录

目录

目录

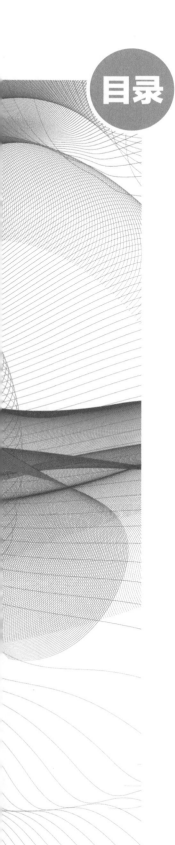

目录

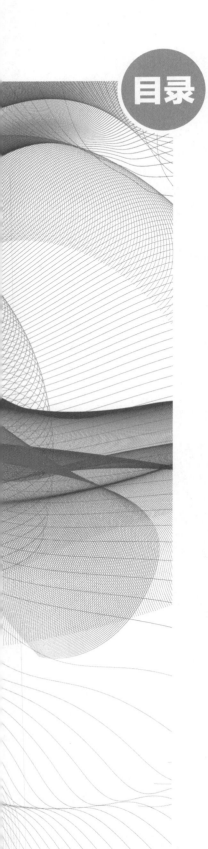

目录

目录

目录

第1章
报纸广告设计

报纸广告（Newspaper Advertising）是指刊登在报纸上的广告。在众多的传统广告媒体中，报纸是仅次于电视的较大也是较受重视的广告媒体。在各种平面印刷广告媒体中，报纸广告数量大、传播范围广、影响力强，一直占据着平面广告媒体的绝对主导地位。

本章重点

- ◆ 关于报纸广告
- ◆ 报纸广告设计——房地产广告
- ◆ 知识链接——直线段工具

效果展示

1.1 关于报纸广告

报纸是大众非常熟悉的媒体，也是相当常见的广告媒介。随着我国广告市场的日益成熟，以及各类广告相互间的不断影响、借鉴和融合，报纸广告在创意、形式和艺术感染力等方面都得到了淋漓尽致的表现。广告创意是用来表现广告主题的新颖构想，是为了表现广告主题的一种创造性的思维活动，它是科学与艺术相结合的产物，是广告的思想内涵和灵魂，是具有说服力的要素。

1.1.1 报纸广告的特点

在传统四大媒体中，报纸无疑是数量最多、普及性最广和影响力最大的媒体。报纸广告几乎是伴随着报纸的创刊而诞生的。随着时代的发展，报纸的品种越来越多，内容越来越丰富，版式越来越灵活，印刷越来越精美，报纸广告的内容与形式也越来越多样化，同时，报纸与读者的距离也越来越接近了。报纸成为人们了解时事、接受信息的主要媒体，如图1-1所示为某学习机的报纸广告。

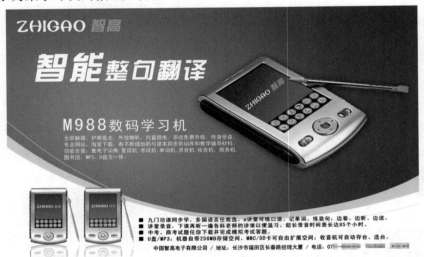

图1-1 报纸广告

报纸广告的主要特点如下。

（1）传播速度较快，信息传递及时：大多数综合性日报或晚报的出版周期短，信息传递较为及时。有些报纸甚至一天要出早、中、晚等好几个版，新闻报道就更快了。一些时效性强的产品，如新产品和有新闻性的产品，就可利用报纸广告及时地将信息传递给消费者。

（2）信息量大，说明性强：作为体现综合性内容的媒介，报纸以文字为主、图片为辅来传递信息，其容量较大。由于以文字为主，因此说明性很强，可以详尽地进行描述，对于一些关注度较高的产品来说，利用报纸的说明性可详细告知消费者有关产品的特点。

（3）易保存，可重复：由于报纸的特殊材质及规格，相对于电视、广播等其他媒体，报纸具有较好的保存性，而且易折易放，携带十分方便。一些人在阅读报纸的过程中还养成了剪报的习惯，根据各自所需分门别类地收集、剪裁信息，这样无形中又强化了报纸信息的保存性及重复阅读率。

（4）阅读主动性：报纸把许多信息同时呈现在读者眼前，增强了读者的认知主动性。读者可以自由地选择阅读或放弃哪些部分；哪些地方先读，哪些地方后读；阅读一遍，还是阅读多遍；采用浏览、快速阅读或详细阅读等何种阅读方式。读者也可以决定自己的认知程度，如仅有一点印象即可，还是将信息记住、记牢；记住某些内容，还是记住全部内容。此外，读者还可以在必要时将所需要的内容记录下来。

（5）权威性：消息准确、可靠，是报纸获得信誉的重要条件。大多数报纸历史悠久，且由权威机关部门主办，在读者中素有影响和威信。因此，在报纸上刊登的广告往往更容易使消费者产生信任感。

由于报纸自身具有的这些特点，使其成为广告商的首选。在进行报纸广告的编排设计时，要注意文稿和图片素材的合理运用：文稿要求用词精练得当，内容真实可信，富有联想和新意；图片素材采用人物或自然风光的形象作为产品的衬托，引发读者对产品的美好联想，从而产生预期的广告效果。

专家提醒

报纸广告以文字和图片为主要视觉刺激，不像其他媒体广告（如电视广告等）受到时间的限制，而且报纸可以反复阅读，还便于保存。不过报纸广告也是有缺点的，鉴于报纸纸质及印制工艺方面的原因，报纸广告中的商品其外观形象、款式、色彩等不能被理想地反映出来。

1.1.2 报纸广告的规格和要求

报纸广告的规格取决于报纸幅面，目前世界上各国的报纸幅面规格主要有对开和四开两种。我国对开报纸的幅面为780mm×550mm，版心尺寸为750mm×490mm；四开报纸的幅面为540mm×390mm，版心尺寸为490mm×350mm。如图1-2所示为四开报纸幅面。

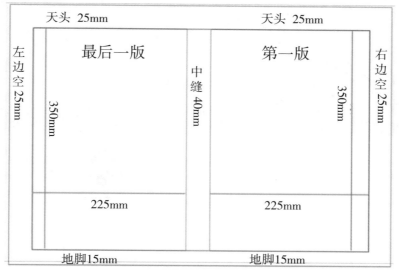

图1-2　四开报纸幅面

根据报纸幅面的大小，报纸广告的规格主要有全版、1/2横版或竖版、1/4横版或竖版、1/8横版或竖版、1/16横版或竖版等，此外还有通栏广告。

报纸广告的图像分辨率因纸张问题一般在150~200ppi之间。

现代报纸大多是四色印刷，因此，一般将报纸广告的设计稿保存为在CMYK模式下的TIFF格式或EPS格式。

如果是夹报广告（指的是夹在报纸中间一同出售的彩色广告宣传单），则需要将出血值设置成3~5mm；如果是其中的一小栏广告，则只需要按照给定的尺寸制作，没有必要设置出血线和裁切线等印刷标记。

报纸广告和其他媒体广告一样，其根本目的在于成功地推销品牌或树立企业形象。由于广告无处不在，人们大多对铺天盖地的报纸广告无动于衷。因此，报纸广告的表现必须符合目标消费群体的生活意识，才会有被接受的可能。

建议设计师在进行报纸广告设计时，考虑以下几点原则。

（1）内容要健康，符合社会发展的要求，积极上进。

（2）表现手法要推陈出新，风格标新立异，视觉冲击力强。

（3）形式要美观大方，立意要新颖，切忌抄袭雷同。

（4）色彩要在统一中产生变化，在和谐中产生对比。

（5）创意是设计水平的主要体现，符合主题内容是报纸广告的基本要求。

1.2 报纸广告设计——房地产广告

本案例设计的是一则房地产报纸广告，效果如图1-3所示。

图1-3 报纸广告

1.2.1 制作图形效果

制作房地产报纸广告图形效果的具体操作步骤如下。

步骤01｜执行"文件"｜"新建"命令，新建一个A4大小的横向空白文件。

步骤02｜选择工具箱中的"矩形工具" ，绘制一个与页面相同大小的矩形，设置"填色"

为白色、"描边"为"无"，效果如图1-4所示。

步骤03| 执行"文件"|"打开"命令，打开一幅素材图像，如图1-5所示。

图1-4　绘制矩形

图1-5　素材图像

步骤04| 将打开的素材图像复制、粘贴至当前工作窗口中，调整其位置和大小，效果如图1-6所示。

步骤05| 运用工具箱中的"矩形工具" ，在图像上方绘制一个合适大小的矩形，效果如图1-7所示。

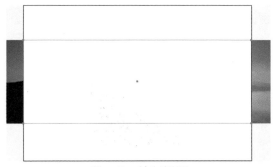

图1-6　复制并调整图像

图1-7　绘制矩形

技巧点拨

　　"复制图像"的概念与"剪切图像"的概念有些相似，因为复制的图像都被保存在计算机内存的剪贴板中。不同的是，选择的图像在执行"复制"命令后，仍留在当前工作窗口中。

　　如果要复制当前工作窗口中的某一图像，首先要使用"选择工具" 在当前工作窗口中将其选择，然后执行"编辑"|"复制"命令或按Ctrl＋C组合键，即可复制选择的图像。

　　粘贴图像的操作方法有以下几种。

- 方法一：执行"编辑"|"粘贴"命令或按Ctrl＋V组合键，即可将已经复制或剪切的图像粘贴至当前工作窗口中。
- 方法二：执行"编辑"|"贴在前面"命令或按Ctrl＋F组合键，即可将已经复制或剪切的图像粘贴至当前工作窗口中原图像的前面。
- 方法三：执行"编辑"|"贴在后面"命令或按Ctrl＋B组合键，即可将已经复制或剪切的图像粘贴至当前工作窗口中原图像的后面（与"贴在前面"命令相反）。

步骤06| 选择工具箱中的"选择工具" ，依次选择素材图像和绘制的矩形，单击鼠标右键，在弹出的快捷菜单中选择"建立剪切蒙版"命令，创建剪切蒙版，效果如图1-8所示。

步骤07| 选择工具箱中的"矩形工具" ，在当前工作窗口的左上角绘制一个矩形，设置"填色"为黑色、"描边"为"无"，效果如图1-9所示。

图1-8 创建剪切蒙版

图1-9 绘制图形

步骤08| 选择工具箱中的"直接选择工具" ，选择矩形左上角的锚点，按Delete键将其删除，效果如图1-10所示。

步骤09| 运用"直接选择工具" 选择矩形右下角的锚点，按住Shift键的同时，单击鼠标左键并向左侧拖动锚点，调整锚点的位置，效果如图1-11所示。

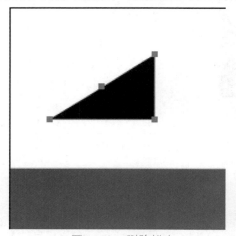

图1-10 删除锚点

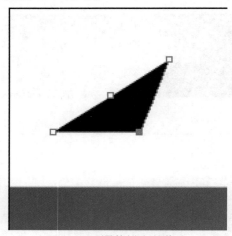

图1-11 调整锚点的位置

专家提醒

在Illustrator的工具箱中，一共提供了五种选择类工具，分别是"选择工具" 、"直接选择工具" 、"编组选择工具" 、"魔棒工具" 和"套索工具" 。

步骤10| 运用"矩形工具" ，在当前工作窗口中的合适位置绘制一个矩形，设置"填色"为暗红色（#922A23），效果如图1-12所示。

步骤11| 使用与上面同样的方法，运用工具箱中的"直接选择工具" 选择矩形右上角的锚点，按Delete键将其删除，调整矩形的形状，效果如图1-13所示。

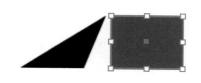
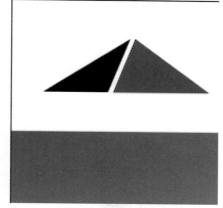

图1-12　绘制矩形　　　　　　　　图1-13　调整矩形的形状

步骤12| 选择工具箱中的"矩形工具" ▣，在当前工作窗口中的合适位置绘制一个矩形，效果如图1-14所示。

步骤13| 选择工具箱中的"直线段工具" ◥，在矩形上方绘制一条直线段，效果如图1-15所示。

图1-14　绘制矩形　　　　　　　　图1-15　绘制直线段

步骤14| 执行"对象"|"路径"|"分割下方对象"命令，分割下方的矩形，效果如图1-16所示。

步骤15| 调整分割的矩形的位置，效果如图1-17所示。

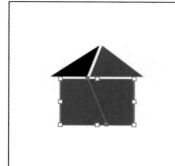
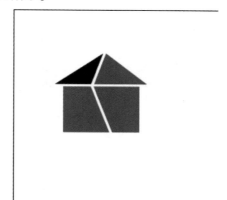

图1-16　分割矩形　　　　　　　　图1-17　调整位置

步骤16 运用"选择工具" ![] 选择分割的矩形的右半部分,设置"填色"为黑色,效果如图1-18所示。

步骤17 选择工具箱中的"文字工具" ![T],在图形对象的右侧输入文字"几何空间",设置"字体"为"汉仪菱心体简"、"字体大小"为22pt,效果如图1-19所示。

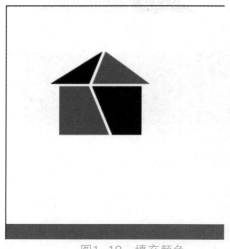

图1-18 填充颜色

图1-19 输入并设置文字

步骤18 运用"文字工具" ![T]输入汉语拼音"jihekongjian",设置"字体"为"Arial"、"字体大小"为17pt,效果如图1-20所示。

步骤19 运用"选择工具" ![] 依次选择所有图形对象和输入的文字,执行"对象"|"编组"命令,将其进行编组,效果如图1-21所示。

图1-20 输入并设置文字

图1-21 编组图形

1.2.2 制作线路图

制作房地产报纸广告线路图的具体操作步骤如下。

步骤01 执行"文件"|"打开"命令,打开一幅素材图像,如图1-22所示。

步骤02 将打开的素材图像复制、粘贴至当前工作窗口中,调整其位置和大小,效果如图1-23所示。

图1-22　素材图像

图1-23　复制、粘贴图像

步骤03| 选择工具箱中的"矩形工具" ▢，在当前工作窗口的右下角绘制一个矩形，设置 "填色"为"无"、"描边"为黑色、"描边粗细"为0.75mm，效果如图1-24所示。

步骤04| 选择工具箱中的"直线段工具" ◣，按住Shift键的同时，单击鼠标左键并拖动鼠标指针至合适位置后释放鼠标左键，绘制一条直线段，设置"描边粗细"为1mm，效果如图1-25所示。

图1-24　绘制矩形

图1-25　绘制直线段

步骤05| 运用"直线段工具" ◣再绘制另一条直线段，效果如图1-26所示。

步骤06| 使用与上面同样的方法，绘制其他的直线段，效果如图1-27所示。

图1-26　绘制另一条直线段

图1-27　绘制其他直线段

步骤07| 选择工具箱中的"钢笔工具" ✎，在直线段上绘制一条曲线，设置"描边"为黑

色、"描边粗细"为1mm，效果如图1-28所示。

步骤08| 使用与上面同样的方法，绘制其他曲线，效果如图1-29所示。

图1-28　绘制曲线　　　　　　　　图1-29　绘制其他曲线

步骤09| 选择工具箱中的"椭圆工具" ，在当前工作窗口中的合适位置绘制一个正圆，设置"填色"为白色、"描边"为黑色、"描边粗细"为0.75mm，效果如图1-30所示。

步骤10| 使用与上面同样的方法，绘制其他的正圆，效果如图1-31所示。

 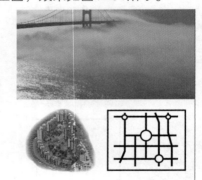

图1-30　绘制并填充正圆　　　　　图1-31　绘制其他正圆

步骤11| 运用"选择工具" ▶ 选择正中间的正圆，设置"填色"为红色（#E7241C），效果如图1-32所示。

步骤12| 选择工具箱中的"圆角矩形工具" ▢，绘制一个小圆角矩形，设置"填色"为灰色（#D1D1D0）、"描边"为"无"，效果如图1-33所示。

 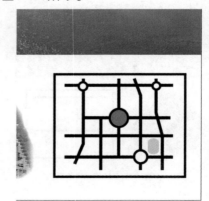

图1-32　填充颜色　　　　　　　　图1-33　绘制并填充圆角矩形

步骤13| 使用与上面同样的方法，绘制另一个圆角矩形，效果如图1-34所示。

步骤14| 选择工具箱中的"矩形工具" ▢，在当前工作窗口中的合适位置绘制一个矩形，设置"填色"为灰色，效果如图1-35所示。

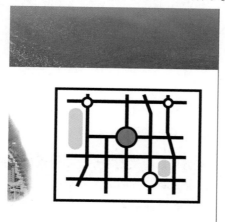

图1-34 绘制另一个圆角矩形

图1-35 绘制矩形

步骤15| 使用与上面同样的方法，绘制并填充其他的矩形，效果如图1-36所示。

步骤16| 选择工具箱中的"文字工具" T，设置"字体"为"汉仪菱心体简"、"字体大小"为10pt，输入文字"本案"，效果如图1-37所示。

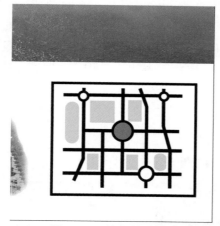

图1-36 绘制其他矩形

图1-37 输入并设置文字

1.2.3 制作文字内容

制作房地产报纸广告文字内容的具体操作步骤如下。

步骤01| 选择工具箱中的"文字工具" T，设置"字体"为"汉仪菱心体简"、"字体大小"为47pt、"填色"为白色，在当前工作窗口中的合适位置输入文字"比视野更宽的，是您的世界"，效果如图1-38所示。

步骤02| 选择工具箱中的"文字工具" T，设置"字体"为"黑体"、"字体大小"为20pt、"填色"为蓝色（#172A88），在白色文字下方输入文字"您所拥有的，并不只是您所看到的……"，效果如图1-39所示。

| 图1-38 输入并设置文字 | 图1-39 输入并设置文字 |

Illustrator最强大的功能之一就是文本编辑，它不但可以在当前工作窗口中创建横排或竖排的文本，还可以编辑文本的属性，如字体、字号、字间距、行间距及对齐等。另外，它还提供了各种特效以制作文本效果，如弯曲效果、沿创建的路径输入文本或将文本输入任意形状的路径中。

虽然Illustrator是一款图形软件，但它的文本编辑功能非常强大，其工具箱中提供了六种文本工具，分别是"文字工具" T 、"区域文字工具" T 、"路径文字工具" 、"垂直文字工具" IT 、"垂直区域文字工具" IT 和"垂直路径文字工具" 。用户使用这些文本工具，不仅可以按常规的书写方法输入文本，还可以将文本限制在一个区域之内。

步骤03 运用"文字工具" T 在当前工作窗口中的合适位置输入需要的文字，设置"字体"为"汉仪菱心体简"、"字体大小"为16pt、"填色"为红色（#922A23），效果如图1-40所示。

步骤04 选择工具箱中的"文字工具" T ，设置"字体"为"黑体"、"字体大小"为12pt，在当前工作窗口中的合适位置输入文字，效果如图1-41所示。

| 图1-40 输入并设置文字 | 图1-41 输入并设置文字 |

字体的类型可以通过"字符"面板进行设置，也可以通过执行"文字"|"字体"命令，在弹出的子菜单中选择相应的字体类型。在"字符"面板中，用户可以在"设置字体系列"下拉列表框中选择所需的字体类型，还可以在"设置字体样式"下拉列表框中设置所需的字体样式，需要注意的是，该选项只对英文字体类型有效。

"字体大小"指文字的尺寸大小。在Illustrator中，字体的大小一般用"Pt（磅）"为度量单位。用户可以在"字符"面板中的"设置字体大小"下拉列表框中选择预设的常用字体大小的数值，也可以在该选项右侧的文本框中自定义字体大小的数值，需要注意的是，该选项中的数值范围为0.1～1 296磅。

步骤05| 选择工具箱中的"文字工具" T，设置"填色"为红色（#922B23），在"字符"面板中设置"字体"为"黑体"、"字体大小"为12pt，如图1-42所示。

步骤06| 在当前工作窗口中的合适位置输入文字"一期完美售罄，二期接受咨询"，效果如图1-43所示，完成房地产报纸广告的制作。

图1-42　设置文字

图1-43　最终效果

1.3　知识链接——直线段工具

　　线形工具在Illustrator中是比较常用的绘制工具之一。线形工具包括"直线段工具" 、"弧线工具" 、"螺旋线工具" 、"矩形网格工具" 、"极坐标网格工具" 等。下面详细介绍这些工具的操作方法与技巧。

　　使用工具箱中的"直线段工具" ，可以在当前工作窗口中绘制直线线段。

　　选择工具箱中的"直线段工具" ，移动鼠标指针至当前工作窗口中，单击鼠标左键以确定线段的起点，拖动鼠标指针至适当的位置后释放鼠标左键以确定线段的终点，即可绘制一条线段，效果如图1-44所示。

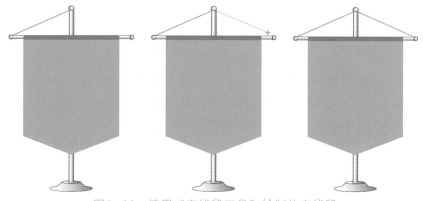

图1-44　使用"直线段工具"绘制的直线段

如果要精确地绘制线段，可以在选择"直线段工具" \ 的情况下，在当前工作窗口中单击鼠标左键，此时将弹出"直线段工具选项"对话框，如图1-45所示。

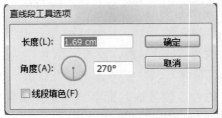

图1-45 "直线段工具选项"对话框

该对话框中参数的含义如下。

● 长度：在右侧输入数值，可以精确地绘制线段。

● 角度：在右侧设置不同的角度，可以按照所定义的角度绘制线段。

● 线段填色：勾选该复选框，当将绘制的线段改为折线或曲线后，将以设置的前景色填充。

在"直线段工具选项"对话框中设置相应的参数后，单击"确定"按钮，即可精确地绘制出线段，效果如图1-46所示。

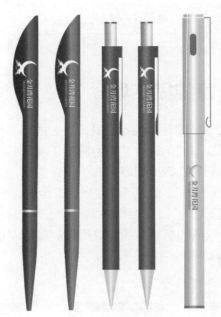

图1-46 精确地绘制线段

选择工具箱中的"直线段工具" \ 后，在当前工作窗口中按住空格键的同时单击鼠标左键并进行拖动，可以移动所绘制线段的位置（该快捷操作对于工具箱中的大多数工具都可使用，因此在其他工具的讲解中将不再赘述）。

如果在按住Alt键的同时在当前工作窗口中单击鼠标左键并进行拖动，则可以绘制由鼠标指针单击点为中心向两边延伸的线段。

如果在按住Shift键的同时在当前工作窗口中单击鼠标左键并进行拖动，则可以绘制以45°递增的直线段，效果如图1-47所示。

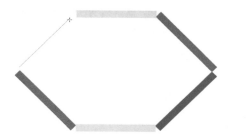

图1-47 按住Shift键的同时绘制线段

如果在按住～键的同时在当前工作窗口中单击鼠标左键并进行拖动，则可以绘制放射状的线段，效果如图1-48所示。

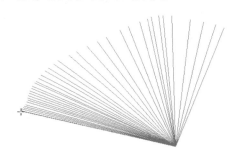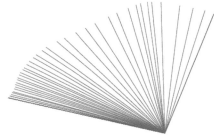

图1-48 按住～键的同时绘制放射状线段

第2章
杂志广告设计

　　杂志广告也被称为"期刊广告"，与报纸广告一样，是一种以印刷符号传递信息的连续出版物。杂志可以按内容分为综合性杂志和专业性杂志，按出版周期分为周刊、半月刊、月刊、季刊等，按发行范围分为国际性杂志、全国性杂志和地区性杂志等。

本章重点

- ◆ 关于杂志广告
- ◆ 杂志广告设计——豪华汽车
- ◆ 知识链接——几何图形工具

效果展示

2.1 关于杂志广告

　　杂志是重要的印刷品种之一，它不像报纸那样以新闻报道为主，而是以各种专业知识和生活娱乐等内容来满足各类读者群体的文化需求。由于杂志目标读者群的年龄、文化层次和经济实力不同，杂志的市场定位、文化品位、印刷制作档次也各不相同。

■ 2.1.1　杂志广告的特点

　　杂志广告所选用的图片素材无论从艺术创意还是从拍摄技术上都要求很高，通常是聘请专业广告摄影师进行拍摄，其中广告语要有创意，广告文字要简洁、明了。如图2-1所示为电子播放器的杂志广告。

图2-1　杂志广告

　　作为广告信息传播的媒体，杂志以特定对象为目标，以专见长，杂志广告的特点主要有以下几点。

　　（1）强大的选择力：杂志是除直接邮寄以外最具选择力的媒体。多数杂志都是为某个特殊兴趣群体印制的。在美国印制的几千种杂志能够触及各种类型的消费者和企业，使广告商可以细分其产品的目标市场。除了基于兴趣的选择力，杂志还为广告商提供人口及地理定向，即"人口选择力"，或称"接触具有特征群体的能力"。

　　（2）良好的印刷质量：杂志广告的一个最有价值的属性是其印刷质量。杂志通常采用优质的纸张印刷而成，其印刷工艺提供了优质的黑白或彩色效果。由于杂志是视觉媒体，产品说明是广告的主要部分，这一点尤为重要。多数杂志所能提供的印刷质量大大高于报纸，尤其是许多产品种类都需要使用色彩，而杂志2/3以上的版面都是彩色的。

　　（3）创作的灵活性：除了良好的印刷质量，杂志还为广告材料的形式、尺寸、位置等的选择提供了灵活性。一些杂志的广告商所提出的特殊方案要求加强广告的创意诉求，为广告提供更广阔的展示空间，以提高阅读率和注意力。通常这类广告位于大型消费类杂志的中页，效果富有戏剧性，出血的设置使其内在韵味一直延伸至边界之外。广告商利用这类广告给读者留下深刻的印象，尤其是在推介新产品或品牌的特殊时期。除了折页和出血，杂志可供选择的广告方案还包括不同寻常的尺寸或形状，如使用各种插页、反馈卡，甚至产品样品等。化妆品公司使用香味插页来推介新香水，其他公司也可以此方法来促销洗衣剂、空气清新剂等香味很重的产品。插页能够直观地体现产品的特点，可以作为销售促进策略的重要方式。香味广告、立体广告、有声广告及其他非传统形式的广告都可以突破杂志广告的局限，吸引读者的注意。

（4）持久性：杂志的另一个优势是保存时间较长。电视和广播的信息变化快、留存时间短，报纸在阅读后也会很快被丢弃，而杂志通常可被阅读几天并留作参考。杂志在家庭中的保存期限比其他载体形式都长，优势在于可被作为资料购买。对杂志的研究表明，读者每天会花一个小时的时间阅读一本杂志。针对保存杂志期限较长的读者，更可仔细考虑广告内容，并将广告做得更长、更详细些，这对高度摄入性和较复杂的产品和服务很重要。杂志的持久性还意味着读者可以在多种场合接触到广告信息，也可将带有广告信息的杂志传递给其他读者。

（5）较高的可信度：杂志广告的另一个优势是利用杂志具有的良好品牌形象提升产品和服务的可信度。那些依靠可信度、名声、形象的产品公司更倾向于在一些有声望的杂志上做广告，这些杂志的内容质量高，消费者也容易对其中的广告产生兴趣。尽管多数广告商认识到杂志所创造的环境十分重要，但对杂志形象的定位仍有一定难度，广告商既要根据杂志的特质进行主观评价，又要依据读者的观点等进行客观衡量。

（6）较高的消费者接受度：除了报纸，杂志广告比其他媒体广告更容易为消费者所接受。购买杂志通常是因为消费者对其中的内容感兴趣，广告则可提供对购买决策有帮助的信息。美国杂志出版商协会的一项研究表明，杂志在为消费者提供产品和有用观念方面十分有用，消费者可从中获得许多产品和服务的信息，包括汽车、投资、时装、旅行等。杂志广告被消费者所接受的另一个原因是，它不像其他媒体广告那样不规律，易被遗忘。但是研究也表明，一部分杂志读者对杂志广告持反对态度，如婚庆或时装类的杂志其广告信息和杂志内容一样多。

专家提醒

杂志广告一般是在杂志中专门留出一些页面来进行宣传，通常分为单页、通篇和多页等不同形式，其特点是商业性强，与杂志的风格相匹配。因为不同杂志的读者群不同，所以广告商的选择也不同。

2.1.2 杂志广告的设计要求

杂志可分为专业性杂志（Professional Magazine）、行业性杂志（Trade Magazine）、消费者杂志（Consumer Magazine）等。各类杂志的读者群划分比较明确，因此是各类专业商品广告的良好媒介。

杂志广告的设计主要注意以下两点。

1. 风格
突出品牌名称与促销语，讲究简洁、时尚。

2. 色彩
色彩是吸引人的视线的第一关键所在，也是广告表现形式的重点所在。一幅有个性的彩色图像，往往更能抓住消费者的心。色彩结合具体的形象，运用不同的色调，让消费者产生不同的生理反应和心理联想，以树立牢固的产品形象，产生悦目的亲切感，吸引与促进消费者的购买欲望。

色彩不是孤立存在的，它必须体现商品的质感、特色，又能美化、装饰广告版面，同时要与环境、气候、欣赏习惯等相适应，还要考虑到远、近、大、小的视觉变化规律，使广告效果更富于美感。

一般所说的平面设计色彩，主要是以企业标准色、商品形象色、季节象征色和流行色等作为主色调，采用明度、纯度和色相的对比，强化画面形象和底色关系，突出广告画面和周围环境的对比，增强广告的视觉效果。同时，在色彩运用上必须考虑其象征意义，这样才能更贴近主题。例如，红色是意象强烈的色彩，能引起兴奋、热烈、冲动等感受；绿色是具有中性特点的和平色，自然、宁静、生机勃勃，可衬托多种色彩而达到和谐。充分考虑到这些色彩的象征意义，可以增加广告的内涵。

专家提醒

　　杂志广告没有明确的分类，是由杂志的类型决定的。作为杂志，按出版周期可分为周刊、半月刊、月刊、双月刊、季刊等；按内容可分为国际性杂志、全国性杂志和地区性杂志等。刊登在不同杂志上的广告，其内容、形式、精美度等取决于杂志的类型。

2.2 杂志广告设计——豪华汽车

本案例设计的是一则豪华汽车的杂志广告，效果如图2-2所示。

图2-2　杂志广告

2.2.1 制作主体效果

制作豪华汽车杂志广告主体效果的具体操作步骤如下。

步骤01｜执行"文件"｜"新建"命令，新建一个A4大小的横向的空白文件。

步骤02 执行 "文件" | "打开" 命令，打开一幅素材图像，如图2-3所示。

步骤03 将素材图像复制、粘贴至当前工作窗口中，调整其位置和大小，效果如图2-4所示。

图2-3 素材图像   图2-4 复制并调整素材图像

步骤04 选择工具箱中的 "矩形工具" ▢ ，在当前工作窗口中的合适位置绘制一个矩形，效果如图2-5所示。

步骤05 运用 "选择工具" ▶ 依次选择绘制的矩形和素材图像，单击鼠标右键，在弹出的快捷菜单中选择 "建立剪切蒙版" 命令，创建剪切蒙版，效果如图2-6所示。

图2-5 绘制矩形   图2-6 创建剪切蒙版

步骤06 选择工具箱中的 "矩形工具" ▢ ，在图像的下方绘制一个矩形，设置 "填色" 为灰色（#B5B5B6），效果如图2-7所示。

步骤07 选择工具箱中的 "圆角矩形工具" ▢ ，在当前工作窗口中的合适位置绘制一个圆角矩形，设置 "填色" 为黑色（#231815）、"描边" 为白色、"描边粗细" 为0.353mm，如图2-8所示。

图2-7 绘制并填充矩形   图2-8 绘制并设置圆角矩形

步骤08 选择工具箱中的 "添加锚点工具" ✎⁺ ，在圆角矩形下方的中点位置单击鼠标左键，添加锚点，效果如图2-9所示。

步骤09 选择工具箱中的"直接选择工具"  ，选择添加的锚点，单击鼠标左键并向下拖动，调整锚点的位置，效果如图2-10所示。

图2-9　添加锚点　　　　　　　图2-10　调整锚点的位置

步骤10 在工具属性栏中设置"不透明度"为50%，效果如图2-11所示。

步骤11 选择工具箱中的"直线段工具"  ，设置"填色"为"无"，在透明图形的上方绘制一条直线段，效果如图2-12所示。

图2-11　设置图形的不透明度　　　　　图2-12　绘制直线段

步骤12 在工具属性栏中设置直线段的"不透明度"为50%，效果如图2-13所示。

步骤13 选择工具箱中的"直线段工具"  ，设置"描边"为黑色（#231815），绘制另外两条直线段，效果如图2-14所示。

图2-13　设置直线段的不透明度　　　　图2-14　绘制另外两条直线段

技巧点拨

　　在绘制直线段时，按住Alt键可以绘制由某一点出发的直线；按住Shift键可以绘制角度为45°的直线；按住~键可以绘制很多条直线。

步骤14| 执行"文件"|"打开"命令，打开一幅素材图像，如图2-15所示。

步骤15| 将打开的图像中除绿色矩形外的所有元素复制、粘贴至当前工作窗口中，调整其位置和大小，效果如图2-16所示。

图2-15 素材图像

图2-16 复制、粘贴素材图像

2.2.2 制作文字效果

制作豪华汽车杂志广告文字效果的具体操作步骤如下。

步骤01| 选择工具箱中的"文字工具" T，设置"字体"为"Arial"、"字体大小"为15pt、"填色"为白色，在当前工作窗口中的左上角输入网址"www.weichi.com.cn"，效果如图2-17所示。

步骤02| 选择工具箱中的"文字工具" T，设置"字体"为"黑体"、"字体大小"为32pt、"填色"为黑色，在当前工作窗口中的合适位置输入广告语，如图2-18所示。

图2-17 输入并设置网址

图2-18 输入并设置广告语

步骤03| 运用"文字工具" T选择文字"全新"，如图2-19所示。

步骤04| 设置"填色"为白色、"字体大小"为40pt，效果如图2-20所示。

图2-19 选择文字

图2-20 设置文字

22

步骤05 使用与上面同样的方法，输入并设置其他文字，效果如图2-21所示。

步骤06 在工具箱中选择"文字工具" T ，如图2-22所示。

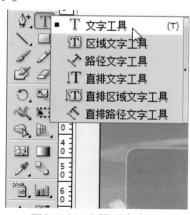

图2-21　输入并设置其他文字　　　　　　　　图2-22　选择"文字工具"

步骤07 设置"字体"为"黑体"、"字体大小"为10pt、"填色"为白色，在合适位置输入段落文本，效果如图2-23所示。

步骤08 使用与上面同样的方法，输入另一段落文本，效果如图2-24所示，完成豪华汽车杂志广告文字效果的制作。

图2-23　输入并设置段落文本　　　　　　　　图2-24　输入并设置另一段落文本

2.3 知识链接——几何图形工具

运用几何图形工具可以绘制各种常见的几何图形。几何图形工具包括"矩形工具" 、"圆角矩形工具" 、"椭圆工具" 、"多边形工具" 、"星形工具" 和"光晕工具" 。下面将对这几种工具的使用方法进行详细介绍。

2.3.1 矩形工具

使用"矩形工具" 可以绘制矩形或正方形。选择工具箱中的"矩形工具" ，在当前工作窗口中单击鼠标左键，弹出"矩形"对话框，如图2-25所示。

在"矩形"对话框中，用户可以自定义所需的宽度和高度，设置完成后单击"确定"按钮，即可绘制指定大小的矩形。使用与上面同样的方法，绘制其他矩形并填充相应的颜色，效果如图2-26所示。

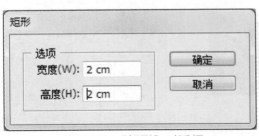

图2-25 "矩形"对话框　　图2-26 绘制矩形并填充颜色

2.3.2 圆角矩形工具

使用"圆角矩形工具"  可以绘制圆角矩形或圆角正方形。选择工具箱中的"圆角矩形工具" ，在当前工作窗口中单击鼠标左键，弹出"圆角矩形"对话框，如图2-27所示。

在"圆角矩形"对话框中设置相应的参数后单击"确定"按钮，即可绘制出指定大小的圆角矩形，填充相应的颜色并调整其叠放顺序，效果如图2-28所示。

图2-27 "圆角矩形"对话框　　图2-28 绘制圆角矩形并调整颜色及顺序

2.3.3 椭圆工具

使用"椭圆工具" 可以绘制椭圆和正圆。选择工具箱中的"椭圆工具" ，按住Shift键的同时单击鼠标左键并进行拖动，即可绘制一个正圆，填充相应的颜色并调整位置，效果如图2-29所示。

绘制正圆前　　　　　　　　　　绘制正圆并调整颜色及位置后

图2-29　绘制正圆

2.3.4　多边形工具

使用"多边形工具" 可以绘制规则的多边形。选择工具箱中的"多边形工具" ，在当前工作窗口中单击鼠标左键并进行拖动，即可绘制一个多边形。使用与上面同样的方法，绘制其他多边形，填充相应的颜色并调整位置，效果如图2-30所示。

绘制多边形前　　　　　　　　　绘制多边形并调整颜色及位置后

图2-30　绘制多边形

2.3.5　星形工具

使用"星形工具" 可以绘制星形。选择工具箱中的"星形工具" ，在当前工作窗口中单击鼠标左键并进行拖动，即可绘制一个星形。使用与上面同样的方法，绘制其他星形，填充相应的颜色并调整位置，效果如图2-31所示。

绘制星形前　　　　　　　绘制星形并调整颜色及位置后

图2-31　绘制星形

技巧点拨

绘制星形时，按键盘上的↑键或↓键，可以为星形添加或删除锚点；按空格键可以移动星形。

2.3.6　光晕工具

使用"光晕工具" 🔍 可以绘制出透镜反光或类似日光反光的效果。选择工具箱中的"光晕工具" 🔍，在当前工作窗口中单击鼠标左键并进行拖动，至适当的位置后释放鼠标左键，即可添加光晕效果，效果如图2-32所示。

添加光晕效果前　　　　　　　添加光晕效果后

图2-32　添加光晕效果

第3章
海报招贴设计

　　"招贴"按其字面意思解释，"招"是招引注意，"贴"是张贴，"招贴"即"为招引注意而进行张贴"。招贴的英文为"Poster"，在牛津英语词典里意指"展示于公共场所的告示"（Placard displayed in a public place）。

本章重点

- ◆ 关于海报招贴
- ◆ 海报招贴广告设计——水墨画展
- ◆ 知识链接——剪切蒙版

效果展示

中国第5届水墨画展
中国画展联盟
主办单位：中国画展联盟
时间：2015年1月10日~1月20日
地点：湖南省绘画馆
协办单位：湖南艺术玩会艺术品有限公司
湖南省画家协会中国画艺委会
中国水墨画展

3.1 关于海报招贴

　　招贴又被称为"海报"或"宣传画"，属于户外广告，分布在各街道、影剧院、展览会、商业闹市、车站、码头、公园等公共场所。在国外，"招贴"也被称为"瞬间的街头艺术"。

3.1.1 海报招贴的起源

　　海报招贴是以印刷为主，张贴在公共场所传播活动信息或理念的艺术形式。美国《广告设计》一书记载："15世纪时，招贴是除了口头宣传外的唯一广告形式。"

　　"海报"这一名称最早起源于上海。旧时，上海人通常把职业性的戏剧演出称为"海"，而把从事职业性戏剧表演称为"下海"。作为展示剧目演出信息的具有宣传性的招徕顾客的张贴物，也许是因为这一缘故，人们把它称为"海报"。

　　海报招贴演变到现在，其使用范围已不仅仅局限于职业性戏剧演出的专用张贴物，而发展为向广大群众介绍有关戏剧、电影、体育比赛、文艺演出、报告会等信息的张贴物，有的还加以美术设计。海报招贴同广告一样，具有向受众介绍某一对象或事件的特性，因此，海报招贴也是广告的一种；但海报招贴可以在放映或演出场所、街头进行张贴，加以美术设计的海报招贴又是电影、戏剧、体育宣传画的一种。相比其他形式的广告，海报招贴具有画面大、内容广泛、艺术表现力丰富、远视效果强烈的特点。如图3-1所示为某电影的海报招贴。

图3-1　电影海报

专家提醒

　　海报招贴的内容十分广泛，表现形式多种多样，可以具象表现也可以抽象表现（写实或写意），可以单独设计也可以系列设计，可以单独张贴也可以连续性重复张贴，以造成强烈的视觉冲击力。

3.1.2　海报招贴的分类

　　海报招贴按其应用范围的不同，大致可以分为商业海报、文化海报、电影/戏剧海报和公益海报等。下面对海报招贴的分类进行大概的介绍。

　　（1）商业海报：商业海报是指商品或商业服务的宣传海报。商业海报的设计，要恰当地配合商品的格调和受众。如图3-2所示为商业海报。

图3-2　商业海报

　　（2）文化海报：文化海报是指各种社会文娱活动及各类展览的宣传海报。活动和展览的种类很多，不同的活动和展览都有其各自的特点。设计师需要了解活动和展览的相关信息，才能运用恰当的方法表现其内容和风格。

　　（3）电影/戏剧海报：电影/戏剧海报主要是起到吸引观众注意、刺激票房收入的作用，与文化海报有几分类似。

　　（4）公益海报：公益海报带有一定的思想性。这类海报具有特定的对公众的教育意义，其主题包括各种社会公益、道德或政治思想的宣传，弘扬爱心奉献、共同进步等。

3.1.3　海报招贴设计的要素

　　不管是哪种类型的海报招贴，在构成要素上都包括图形设计、文字设计和色彩设计等，这些就是针对海报招贴的设计要素。作为视觉传达的设计语言，这些要素有其自身的规律和特点。设计师应对其有深刻的了解和领悟，并在实践中逐步培养真正能驾驭它们的能力。

1. 图形设计

　　海报招贴的图形设计应遵循"阅读最省力"的原则，形象要高度简洁，富于创意。图形设计的原则有两个：一是把原来的旧要素进行新的组合；二是为旧要素赋予新的表现力。如图3-3所示为公益海报，可以从中感受到图形设计的意韵。

这样的想法不是梦

我不想消失在这个世界

请收起你的弹弓

摒除你心中的暴戾

我们需要你的双手

为我们就建一个绿色的家园

你所做的一切，都将决定着我们的未来

全球生态平衡问题系列

图3-3　公益海报

专家提醒

　　海报招贴主要是由图形、文字、色彩构成，是一种十分有效的广告形式，它具有很强的吸引力，每一张海报招贴本身就是一件高级的艺术品。海报招贴是一种信息传递艺术，一种大众化的宣传工具。海报招贴设计总的要求是使人一目了然，要有相当的号召力与艺术感染力，要调动形象、色彩、构图、形式等因素，形成强烈的视觉效果；画面要有较强的视觉中心，新颖、单纯，同时具有独特的艺术风格和设计特点。

　　要产生卓越的创意，需要设计师积累各方面的知识，要具有一定的创造力和丰富的想象力，具有较高的综合素质，具有敏锐的洞察力，善于从人们司空见惯的事物中发现事物与事物之间的关联性，甚至是风马牛不相及的事物与事物之间或事物与知识、要素等之间的关联性。

　　具象和抽象是海报招贴设计中最基本的表现形式。具象图像在人们的心目中有一种亲和、有趣、感人的魅力，是人们乐意接受和喜爱的一种视觉语言形式。具象图像能够通过表现客观对象的具体形态来突出海报招贴的主题，同时也能表达一种意境，并具有形象、真实的生活感和强烈的艺术感染力，很容易从心理上取得人们的信任。如图3-4所示为海报招贴中的具象图像。

　　在海报招贴设计中，抽象图像的表现范围是很广泛的。抽象图像既可以表现社会、政治、经济等方面的题材，又可以表现科技、文化、体育等方面的题材。此外，对无法表现具体形象或具体形象不佳的产品，采用抽象图像来表现也许能取得较好的视觉效果，这是因为有些产品容易和抽象表现元素产生有机的联系，如点、线、面、方形、圆形等。在选择与运用抽象图像时，一定要了解和掌握人们的文化心理和欣赏习惯，加强针对性和适应性，以使抽象图像准确地传递信息并发挥其应有的作用。不能单纯地追求形式美和自我意识的表现，要防止出现使人看不懂的抽象图像及因其产生的负面效应。如图3-5所示为海报招贴中的抽象图像。

·图3-4　具象图像

图3-5　抽象图像

　　图像的形象要主次分明，不能喧宾夺主。主要形象与广告诉求的目标一致，否则会使目标消费者的注意力分散或转移，从而导致海报招贴宣传的失败。

　　图像的形象应以情动人、以理服人，做到情与理的高度统一。情理交融的形象有助于人们情感因素的积极参与，形象的情感色彩越浓重，越能激发起人们的兴趣并使之产生情感上的共鸣。这种双向的沟通与交流有助于人们对所传达的信息注目、理解、记忆并产生强烈的购买欲望。

2. 文字设计

　　在海报招贴设计中，文字肩负着传递观念与信息的重任，具有举足轻重的作用，如图3-6所示。海报招贴中的文字设计包括文案设计与字体设计两部分。

　　文字设计是对主题内容的提炼、对产品特征的说明，它侧重于设计的内容。字体设计是在此基础上，运用不同的字体形象和字体之间的相互关系来加强对文字语意的传达，侧重的是字体的表现形式，其表现形式的新颖性和多样性体现了设计师对主题深刻独特的理解和把握。

　　（1）方案设计。

　　文案设计包括标题、正文、广告语、随文。标题是表现海报招贴主题的短语，标题的写作要符合创意的需求，突出个性，语言简练，引人注目。正文是标题的延伸与发挥，它的主要任务是介绍商品，说服和推动目标消费者购买。广告语是几个特定的宣传语句，是广告在较长时间期内反复使用的口号。广告语应尽量简短、易懂、易记、顺口、有韵律感，含义要明确、完整，文字要形象、生动，富于趣味与情感，具有真正能打动人心的力量。随文是指与产品有关的说明文字，包括品牌名称、企业名称、地址、电话、邮编、经销部门等内容。

（2）字体设计。

字体设计本身具有独特的图形风格。作为海报招贴的字体，一定要有强烈的视觉冲击力和形式美。在设计字体时要遵循下列原则：形式与内容要统一，要简洁、醒目、易读、易识，美观、和谐，风格统一。如图3-7所示为海报招贴中的字体设计。

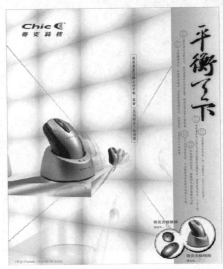

图3-6　海报招贴中的文字设计　　　　　图3-7　海报招贴中的字体设计

常用的字体表现方式有下列几种。

1）字体的装饰化设计：字体的装饰化设计通常运用重叠、透叠、折带、连写、共用、空心、断裂、变异、分割等手法，对文字本身或背景进行变化，使字体呈现新颖多变的视觉效果。

2）字体的形象化设计：字体的形象化设计主要表现为在文字局部添加形象、笔画形象化、整体形象化等方面。例如，将文字的某一部首或笔画设计成具体的形象，以表达某种特殊的意义。在添加形象时，要注意形象在文字中的位置、比例，具体形象要有一定的象征。

3）字体的意象化设计：字体的意象化设计具有一定的暗示性和象征性，能更好地帮助人们去理解文字的含义，使其感受到字体意象化设计的趣味性。意象化设计可通过两个方面展开：一是对字体结构形态或字体组合形态所要显示出的文字的特定含义进行富有创意的设计；二是为词义或设计需求赋予想象并加以创造性的艺术处理。

4）字体的立体与阴影设计：字体的立体与阴影设计是将文字设计为立体效果或为其添加阴影效果，使文字具有视觉上的空间感。立体与阴影设计的主要表现方法有平行透视、聚点透视、成角透视、本体立体、阴影、投影、倒影等。

3. 色彩设计

色彩是海报招贴设计的一个重要元素，可以在很大程度上决定一件作品的成败。成功的色彩设计能够超越商品本身的性能，并在销售中起到决定性的作用。如图3-8所示为海报招贴中的色彩设计。

在海报招贴设计中，应尽可能使用较少的色彩去获得较完美的效果，而不是将色彩用得越多，效果就越好。用色要高度概括，简洁、巧妙，恰到好处，要强调色彩的刺激力度，以使对比强烈而又和谐统一的色彩画面更具有视觉冲击力。

地球的保护伞

图3-8　海报招贴中的色彩设计

色彩设计要从整体出发，注重各构成要素之间色彩关系的整体统一，色彩的对比与调和，色彩引起的心理反应、联想及色彩的象征性，以形成能够充分体现海报招贴主题的色调。对于设计中类似素描的黑、白、灰等关系，应形成一定的层次感，使画面的色彩基调主次分明。

3.1.4　海报招贴设计的要求

海报招贴设计在内容形式上也有所要求，设计师要精益求精，以使设计作品更加全面、完善，富有吸引力。

海报招贴设计的要求有以下五点。

（1）内容要健康、积极向上，符合社会发展的要求。

（2）表现手法推陈出新，风格标新立异，视觉冲击力要强。

（3）形式美观大方，立意新颖。

（4）色彩在统一中求变化，在和谐中产生对比。

（5）创意是设计水平的主要体现，符合主题内容是海报招贴的基本要求。

3.1.5　海报招贴与其他广告的区别

海报招贴是广告设计形式中主要的一种，但与其他一些广告形式相比，又有着明显的区别。

1. 画面大

海报招贴不是捧在手上的设计，而是要张贴在公共场所中，它受到周围环境和各种因素的干扰，必须以大画面以及突出的形象和色彩展现在人们的面前。海报招贴的画面有全开、对开、长三开及特大画面（八张全开）等。

2. 远视性强

为了给来去匆忙的人们留下印象，除了画面大之外，海报招贴设计还要充分体现定位设计的原理，以突出的商标、标志、标题、图形，对比强烈的色彩，大面积的空白，以及简练的视觉流程形成视觉焦点。如果仅就形式上区分广告与其他视觉艺术的不同，可以说，海报招贴更具广告的典型性。

第3章 海报招贴设计

3. 艺术性高

对于整体而言，海报招贴包括商业和非商业方面的各类广告。对于每张海报招贴而言，其针对性很强。商业性的海报招贴往往以具有艺术表现力的摄影、造型写实的绘画和漫画形式居多，给消费者留下真实、感人的画面，并引起消费者富有情趣的感受。非商业性的海报招贴则内容广泛、形式多样，艺术表现力丰富。特别是文化艺术类的海报招贴，根据主题内容可以充分发挥想象力，尽情施展艺术手段。许多追求形式美的画家纷纷积极投身于海报招贴的设计中，运用自己的绘画语言，设计出风格各异、形式多样的海报招贴。不少现代派画家的作品就是以海报招贴的面貌出现的，美术史上也曾留下诸多精彩、生动的画作。

在进行海报招贴设计时要充分发挥海报招贴面积大、纸张好、印刷精美的特点，通过了解厂家、商品、对象和环境的具体信息，充分发挥想象力，以新颖的构思、简短而生动的标题和广告语，具有个性的表现形式，强调海报招贴的远视性和艺术性。

3.2 海报招贴广告设计——水墨画展

本案例设计的是一款水墨画展的海报招贴，效果如图3-9所示。

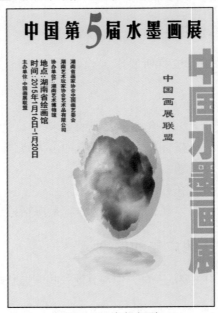

图3-9 海报招贴

3.2.1 绘制背景图像

绘制水墨画展海报招贴背景图像的具体操作步骤如下。

步骤01 按Ctrl + N组合键，新建一个名为"水墨画展招贴广告"的图像文件，设置"宽度"为10cm、"高度"为15cm，如图3-10所示，单击"确定"按钮。

步骤02 选择工具箱中的"矩形工具" ，双击工具属性栏中的"填色"图标 ，弹出"拾色器"对话框，设置"颜色"为灰色（CMYK的参考值为0、0、0、10），如图3-11

所示，单击"确定"按钮。

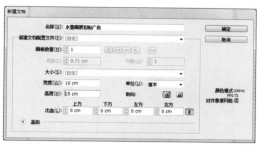

图3-10　新建图像文件

图3-11　设置颜色

步骤03| 移动鼠标指针至当前工作窗口，在窗口中单击鼠标左键并进行拖动，绘制一个与页面同样大小的矩形，效果如图3-12所示。

步骤04| 按Ctrl+O组合键，打开一幅"水墨"素材图像，如图3-13所示。

图3-12　绘制矩形

图3-13　打开的素材图像

步骤05| 选择工具箱中的"选择工具" ，在当前工作窗口中选择打开的素材图像，执行"编辑"|"复制"命令，如图3-14所示。

步骤06| 确认"水墨画展招贴广告"文件为当前工作文件，执行"编辑"|"粘贴"命令，粘贴复制的图像并调整其大小及位置，效果如图3-15所示。

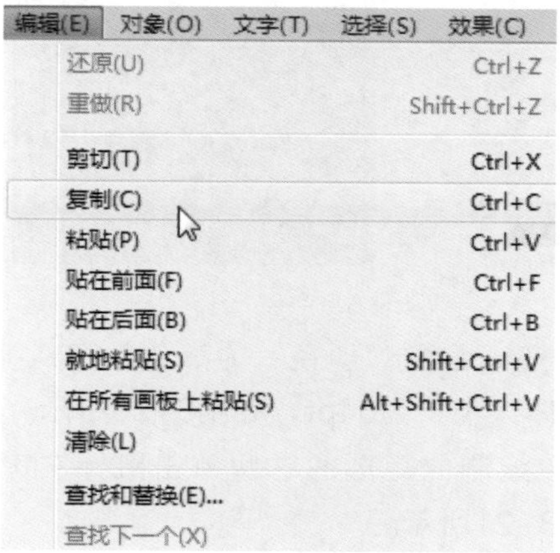

图3-14　选择命令

图3-15　调整图像的大小及位置

步骤07| 在当前工作窗口中选择置入的图像，执行"编辑"|"复制"命令，即可复制置入的图像。执行"编辑"|"粘贴"命令，粘贴复制的图像，然后在当前工作窗口中运用鼠标指针适当地调整粘贴的图像的大小及位置，效果如图3-16所示。

步骤08| 执行"窗口"|"透明度"命令，弹出"透明度"对话框，设置粘贴的图像的"不透明度"为20%，效果如图3-17所示。

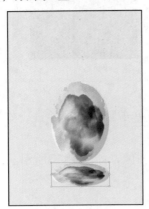

图3-16 调整图像的大小及位置　　　图3-17 调整"不透明度"的效果

3.2.2 添加文字效果

添加水墨画展海报招贴文字效果的具体操作步骤如下。

步骤01| 选择工具箱中的"矩形工具" ▣，单击工具属性栏中的"填色"图标▢，在"颜色"面板中设置"填色"为灰色（CMYK的参考值分别为30、20、20、20），如图3-18所示。

步骤02| 移动鼠标指针至当前工作窗口，在窗口中单击鼠标左键并进行拖动，绘制一个与页面同样大小的矩形，效果如图3-19所示。

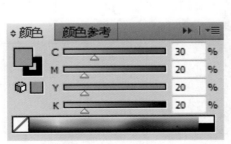

图3-18 设置颜色为灰色　　　　　图3-19 绘制矩形

步骤03| 选择工具箱中的"垂直文字工具" T，设置"填色"为黑色，在"字符"面板中设置"字体"为"方正超粗黑简体"、"字体大小"为54pt，如图3-20所示。

步骤04| 移动鼠标指针至当前工作窗口，在绘制的矩形的右侧单击鼠标左键，确定插入点，输入文字"中国水墨画展"，效果如图3-21所示。

图3-20　设置字体属性　　　　　图3-21　输入文字

步骤05| 选择工具箱中的"选择工具" ，在当前工作窗口中按住Shift键的同时依次选择
绘制的矩形和输入的文字，执行"对象"|"剪切蒙版"|"建立"命令，为选择的对象建立
剪切蒙版，效果如图3-22所示。

步骤06| 选择工具箱中的"文字工具" **T**，设置"填色"为黑色，在"字符"面板中设置
"字体"为"方正美黑简体"、"字体大小"为28pt，如图3-23所示。

图3-22　建立剪切蒙版　　　　　图3-23　设置文字属性

步骤07| 移动鼠标指针至当前工作窗口，在窗口中图形的上方单击鼠标左键，确定插入
点，输入文字"中国第　届水墨画展"，效果如图3-24所示。

步骤08| 双击工具属性栏中的"填色"图标□，弹出"拾色器"对话框，设置"颜色"为红
色（#FF0000），在"字符"面板中设置"字体"为"方正平和简体"、"字体大小"为
68pt，如图3-25所示。

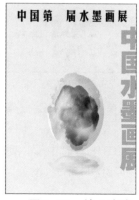

图3-24　输入文字　　　　　　　图3-25　设置文字属性

步骤09| 移动鼠标指针至当前工作窗口，在窗口中输入的"第"和"届"文字之间单击鼠标左键，确定插入点，输入数字"5"，效果如图3-26所示。

步骤10| 选择工具箱中的"自由变换工具" ，将鼠标指针移至输入的文字的上方，单击鼠标右键，在弹出的快捷菜单中选择"创建轮廓"命令，如图3-27所示。

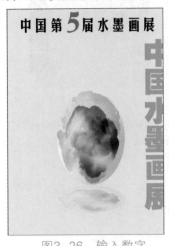
图3-26 输入数字

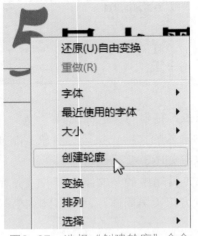
图3-27 选择"创建轮廓"命令

步骤11| 使用"直接选择工具" 选择数字"5"，选择"自由变换工具" ，单击鼠标左键并向下拖动，调整数字的形状，效果如图3-28所示。

步骤12| 选择工具箱中的"垂直文字工具" ，在工具箱中双击"填色"图标 ，弹出"拾色器"对话框，设置"颜色"为深红色（#9F0E15），在"字符"面板中设置"字体"为"隶书"、"字体大小"为17pt，如图3-29所示。

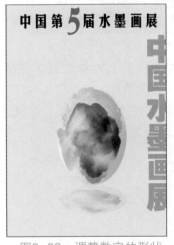
图3-28 调整数字的形状

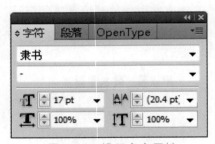
图3-29 设置文字属性

步骤13| 移动鼠标指针至当前工作窗口，在窗口的右侧单击鼠标左键，确定插入点，输入文字"中国画展联盟"，效果如图3-30所示。

步骤14| 选择工具箱中的"垂直文字工具" ，在当前工作窗口中输入其他文字，在"字符"面板中设置字体为"黑体"、"字体大小"分别为7pt和11pt，设置"填色"为黑色，最终效果如图3-31所示。

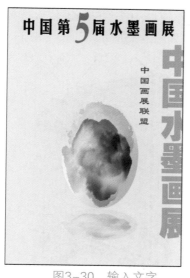
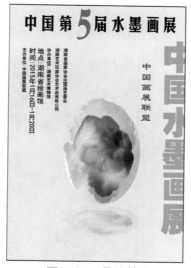

图3-30　输入文字　　　　　　　　图3-31　最终效果

3.3 知识链接——剪切蒙版

蒙版可以通过线条、几何形状及位图图像来创建，也可以通过复合图层和文字来创建。在Illustrator中，可以通过执行"对象"|"剪切蒙版"|"建立"命令，对图像进行遮挡，从而达到创建蒙版的目的。

■ 3.3.1 使用路径创建蒙版

蒙版对象是由单一路径或者复合路径构成。

选择工具箱中的绘制类工具，在当前工作窗口中绘制如图3-32所示的图形，执行"文件"|"置入"命令，置入一幅素材图像，效果如图3-33所示。

图3-32　绘制图形　　　　　　　　图3-33　置入图像

选择工具箱中的"钢笔工具" ，在工具属性栏中设置"描边"为青色，移动鼠标指针至当前工作窗口，运用鼠标指针沿人物的身体边缘绘制一条闭合路径，效果如图3-34所示。选择工具箱中的"选择工具" ，在当前工作窗口中按住Shift键依次选择绘制的闭合路径与置入的素材图像，创建一个剪切蒙版，效果如图3-35所示。

图3-34　绘制闭合路径　　　　　　图3-35　创建剪切蒙版

3.3.2　使用文字创建蒙版

使用文字创建蒙版，可以得到意想不到的效果。

步骤01| 选择工具箱中的绘制类工具，在当前工作窗口中绘制一个如图3-36所示的图形，选择工具箱中的"文字工具" **T**，在当前工作窗口中输入文字"CD"，效果如图3-37所示。

图3-36　绘制图形　　　　　　　　图3-37　输入文字

步骤02| 选择输入的文字，执行"效果"|"风格化"|"羽化"命令，弹出"羽化"对话框，设置"羽化半径"为5像素，单击"确定"按钮，羽化后的文字效果如图3-38所示。

步骤03| 选择工具箱中的"画笔工具" ，设置不同的描边颜色与画笔笔触，在当前工作窗口中绘制多条路径，效果如图3-39所示。

图3-38　文字羽化效果

图3-39　绘制路径

步骤04｜选择工具箱中的"选择工具" ▶，在当前工作窗口中按住Shift键依次选择所有使用"画笔工具" ✐绘制的路径，然后执行"对象"｜"编组"命令，将选择的路径编组；选择工具箱中的"文字工具" **T**，在当前工作窗口中输入文字"CD"，效果如图3-40所示。

步骤05｜选择工具箱中的"选择工具" ▶，在当前工作窗口中按住Shift键依次选择输入的"CD"文字和编组的图形，执行"对象"｜"剪切蒙版"｜"建立"命令，即可创建一个剪切蒙版，效果如图3-41所示。

图3-40　输入文字

图3-41　创建剪切蒙版

专家提醒

　　使用Illustrator软件绘制或编辑图形时，在任何情况下单击"图层"面板底部的"建立/释放剪切蒙版"按钮 ▣，都可对当前工作窗口中的所有图形创建剪切蒙版，效果如图3-42所示。

图3-42　创建剪切蒙版

第4章
喷绘广告设计

　　"喷绘"自20世纪90年代传入中国后，便以极快的速度在各大中城市普及。喷绘的出现结束了手工绘制广告牌的历史，它以高效、高质、高科技之势开创了中国广告制作的新纪元。喷绘机使用的介质一般都是广告布（俗称"灯箱布"），墨水使用油性墨水。喷绘公司为了保证画面色彩的持久性，一般采用的色彩要比显示器中的色彩深一些。

本章重点

◆ 关于喷绘广告
◆ 喷绘广告设计——雅怡花苑
◆ 知识链接——"外发光"命令

效果展示

4.1 关于喷绘广告

"喷绘广告"一般是指户外广告，它输出的画面尺寸相对较大，利用的宣传平台主要是户外高空建筑、高速公路、大型超市等处的广告牌，材料主要采用大型宽幅的灯布、灯片和背胶等，喷绘的画面精度主要是35~50dpi。喷绘广告以其幅面大、传递信息详细、吸引力强而广受广告商的喜爱。

4.1.1 喷绘广告的发展历程

喷绘广告的广告牌一般被架设在建筑的顶端，面积非常大，目的是为了让更多的人能够看到。高空架设广告牌的安全问题尤为重要，因此，在钢架搭建时不能够有任何闪失，必须有国家级安装资质的广告公司才能去制作。如图4-1所示为电视机的喷绘广告。

图4-1　喷绘广告

喷绘广告的发展历程主要有以下几种。

（1）从色彩和精度上看：早期的喷绘广告主要是因印刷行业的带动而发展起来，从传统的A4纸张印刷到小幅的背胶彩色喷绘，从分辨率为8dpi到目前稳定主流的1 440dpi，甚至还出现了高达2 880dpi的广告写真喷绘。

（2）从喷绘的材质上看：从纸张到背胶再到灯片，甚至直接在板材上完成，喷绘广告的材质一步一步地走向了市场化、专业化和个性化。喷绘的介质不再受限制，而且尺寸也有了更多的选择。

（3）从广告喷绘机器的更新换代上看：之前的喷绘设备一直会畅销几十年，而后便是十年、八年、五年，到现在，基本上是两年。设备的更新换代快，新设备不断涌现，其功能也不断提升和增强。

（4）从经济效益上看：喷绘广告的进步促使新的工艺出现并最终被应用在市场上，如UV喷绘等。UV喷绘这项新工艺的出现，突破了传统喷绘广告的介质局限，可以把个性化的图案喷在任意平板和软性材质上，大大提升了喷绘广告的技术和工艺。

专家提醒

彩色喷绘是一项新的技术，也是一项发展较快的技术。后期制作是喷绘业中不可缺少的工序，对整个工作的成败、质量的保证都起着很重要的作用。快捷、精致的后期制作，不仅可以使作品锦上添花，还可以为企业创造更大的经济效益并提升企业的信誉。

4.1.2 喷墨打印机的工作原理及作用

喷墨打印机按照工作原理可以分为两种类型：一是连续喷墨式打印机，二是按需喷墨式打印机。不论机型的大小，作用都一样。

1．连续喷墨式打印机

连续喷墨式打印机的工作原理是：由压电晶体产生形变而给墨腔压力，使墨滴连续地从墨腔喷出，墨滴继续向前飞行并进入充电区。由图像信号控制充电电极给经过的墨滴充电，要打印的墨滴不充电，而不打印的墨滴需要充电。当不带电的墨滴经过偏转电场时不改变方向，而是直接飞行到承印物上；带电的墨滴则发生偏转，被挡板拦住并被循环利用。

2．按需喷墨式打印机

按需喷墨式打印机的工作原理是：只要印刷图像需要，就能产生墨滴。具体如下。

（1）热敏式彩色喷墨打印机的工作原理是：喷头上有一个加热部件，由计算机控制工作开或关。当加热部件加热时，墨腔内的温度上升并产生一个气泡，在气泡的压力下生成一个墨滴，并将墨滴压出喷嘴飞溅到承印物上。打印机的喷头可排列成一排或组成一个矩阵，每个喷头均可发射墨滴。在彩色喷墨打印机中比较典型的有Canon的Color Bubble Jet Printer系统打印机。

（2）压电式彩色喷墨打印机的工作原理是：打印头上有块压电晶体，在电流的作用下压电晶体变热弯曲，使墨腔的体积减少，将墨滴经喷嘴压出并飞溅到承印物上。什么时候产生电流让压电晶体弯曲，由计算机控制。该类打印机不会产生墨滴飞溅，并且可以使用水基和溶剂型油墨。

小型的彩色喷墨打印机主要被用于打印彩色样张供查看设计效果；而大型的彩色喷墨打印机则被用于数码打样，以替代传统的机械打样。

4.1.3 产生创意并手绘草稿

美国人罗瑟·瑞夫斯提出的广告理论是：要将注意力集中于产品的特点及消费者的利益上，广告应有"独具特点的销售说辞"。也就是说，广告中要注意商品之间的差异，并选出消费者较易接受的特点作为广告主题，通过突出商品的差异来刺激购买。对商品的特点可以进行多角度分析，而将较受欢迎的特点提出来进行广告宣传往往是很有效的。

本章案例采用全图型构图表现形式，整体色调为蓝色，以静雅的澳式风格建筑为创意进行构思，并在傲霜斗雪、风姿动人的腊月梅花的衬托下，表现出该楼盘卓越的气质、丰富的人文气息与无与伦比的品牌形象；标题文字醒目地出现在画面的视觉中心，设计紧凑，重点突出。经过思考、揣摩，手绘的初步草稿如图4-2所示。

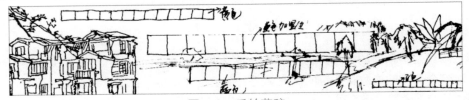

图4-2 手绘草稿

4.2 喷绘广告设计——雅怡花苑

本案例设计的是一款雅怡花苑的喷绘广告，效果如图4-3所示。

图4-3　喷绘广告

4.2.1　制作背景图形

制作雅怡花苑喷绘广告背景图形的具体操作步骤如下。

步骤01 按Ctrl + N组合键，新建一个名为"雅怡花苑房地产广告"的CMYK模式的图像文件，设置"宽度"为31cm、"高度"为6cm，如图4-4所示，单击"确定"按钮。

步骤02 按Ctrl + O组合键，打开一幅素材图像，效果如图4-5所示。

图4-4　新建文件　　　　　　　图4-5　素材图像

室外喷绘的作品通常尺寸较大，为了加快计算机的运行速度，提高设计的工作效率，在设计时可将单位设置为厘米，在实际运作时将单位设置为米。

步骤03 确认"雅怡花苑房地产广告"为当前工作文件，将素材图像复制、粘贴至当前工作窗口中，调整其位置和大小，效果如图4-6所示。

图4-6 复制、粘贴并调整图像

步骤04 选择工具箱中的"矩形工具" ▢，在工具属性栏中设置"填色"为白色、"描边"为"无"，在当前工作窗口中单击鼠标左键并进行拖动，绘制一个矩形，效果如图4-7所示。

图4-7 绘制矩形

步骤05 运用"选择工具" ▶ 依次选择绘制的白色矩形和素材图像，单击鼠标右键，在弹出的快捷菜单中选择"建立剪切蒙版"命令，即可创建剪切蒙版，效果如图4-8所示。

图4-8 创建剪切蒙版

4.2.2 制作图形效果

制作雅怡花苑喷绘广告图形效果的具体操作步骤如下。

步骤01 按Ctrl + O组合键，打开一幅素材图像，如图4-9所示。

步骤02 将素材图像复制、粘贴至当前工作窗口中，调整其位置和大小，效果如图4-10所示。

中文版 Illustrator全套商业案例 项目设计

图4-9　素材图像

图4-10　复制、粘贴并调整图像

步骤03 | 选择工具箱中的"矩形工具" ▭ ，在当前工作窗口中单击鼠标左键并进行拖动，绘制一个矩形，效果如图4-11所示。

步骤04 | 运用"选择工具" ▶ 依次选择绘制的白色矩形和素材图像，单击鼠标右键，在弹出的快捷菜单中选择"建立剪切蒙版"命令，即可创建剪切蒙版，如图4-12所示。

图4-11　绘制矩形

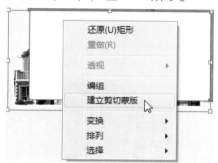

图4-12　选择"建立剪切蒙版"命令

步骤05 | 创建剪切蒙版，效果如图4-13所示。

图4-13　创建剪切蒙版

步骤06 | 按Ctrl＋O组合键，打开两幅素材图像，如图4-14所示。

图4-14　素材图像

步骤07| 将素材图像复制、粘贴至当前工作窗口中，调整其位置和大小，效果如图4-15所示。

图4-15　复制、粘贴并调整图像

4.2.3　制作文字效果

制作雅怡花苑喷绘广告文字效果的具体操作步骤如下。

步骤01| 选择工具箱中的"文字工具" T ，设置"字体"为"方正大标宋简体"、"字体大小"为35pt、"填色"为红色（#E71F19），如图4-16所示。

图4-16　工具属性栏

步骤02| 在当前工作窗口中输入文字"上等的生活，只建筑在品位的顶峰"，效果如图4-17所示。

图4-17　输入文字

步骤03| 执行"效果"|"风格化"|"外发光"命令，如图4-18所示。

步骤04| 在弹出的"外发光"对话框中，单击"模式"右侧的色块，弹出"拾色器"对话框，设置"颜色"为白色，单击"确定"按钮；回到"外发光"对话框中，设置"不透明度"为100%、"模糊"为0.15cm，如图4-19所示，单击"确定"按钮。

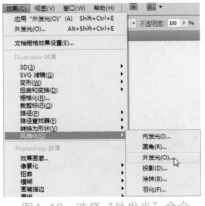

图4-18　选择"外发光"命令

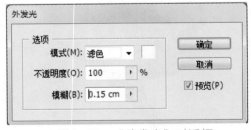

图4-19　"外发光"对话框

步骤05| 再次执行"效果"|"风格化"|"外发光"命令，在弹出的"外发光"对话框中，设置"不透明度"为65%、"模糊"为0.14cm，单击"确定"按钮，文字的外发光效果如图4-20所示。

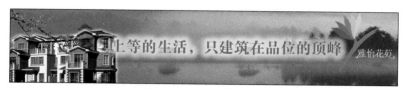

图4-20　外发光效果

步骤06| 选择工具箱中的"文字工具" T ，设置"填色"为黄色（#FFF100）、"字体"为"方正宋黑简体"、"字体大小"为18pt、"字间距"为200、"字符旋转"为 - 3°，如图4-21所示。

步骤07| 在当前工作窗口中输入文字"60万平方米澳洲海岸风情领地"，效果如图4-22所示。

图4-21　设置文字属性

图4-22　输入文字

步骤08| 使用与上面同样的方法，输入其他文字并设置字体、字号、字间距、颜色及位置，效果如图4-23所示。

图4-23　输入其他文字并设置文字属性

效果延伸

　　将喷绘好的作品布置在现实的媒介中，才能达到广告的效果。本案例的媒介是建筑楼顶，楼顶广告是户外广告的一种常用形式，它以简单、直观的方式宣传企业和企业的产品。一般来说，该类广告要根据其安放的环境来选择制作材料和设计方案，因为其安放的位置通常在城市人口密集区，所以设计师在设计时一定要非常注意与周围环境的搭配。

　　建议设计师要注意考虑以下几点原则。

　　（1）主题鲜明、突出。

　　（2）构图整体、一致。

　　（3）色彩统一、简洁、清晰，注意与周围环境相搭配。

　　（4）注意材料的应用和照明的效果。

本案例拍摄的视野效果如图4-24所示。

图4-24　视野效果

4.3　知识链接——"外发光"命令

应用"外发光"命令，可以使对象的外边缘产生发光效果。在当前工作窗口中选择一个矢量图形，执行"效果"丨"风格化"丨"外发光"命令，弹出"外发光"对话框，如图4-25所示。

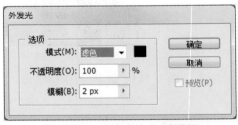

图4-25　"外发光"对话框

该对话框中主要参数的含义如下。

● 模式：在其右侧的下拉列表框中可以选择外发光的模式。
● 不透明度：用于设置发光的透明程度。
● 模糊：用于设置发光范围的大小。

应用"外发光"命令前后的图形效果如图4-26所示。

应用"外发光"命令前　　　　　　　应用"外发光"命令后

图4-26　应用"外发光"命令的效果

第5章
POP广告设计

POP广告具有其自身的应用特点和设计规律，是一种与商业活动直接相联系的广告形态，特点是以明确的视觉信息去传达有关商品的广告主题和安排各项实际内容。因此，应该尽量多了解POP广告的特点与发展，了解POP广告在现代商业活动中的重要作用和应用，这样才有利于达到学习的具体目标。

本章重点

- ◆ 关于POP广告
- ◆ POP广告设计——商场节庆广告
- ◆ 知识链接——"羽化"命令

效果展示

5.1 关于POP广告

人类社会进入信息时代，各种各样的信息工具越来越多，也越来越先进。计算机网络的出现，使得人们足不出户便可知天下事。广告也是信息传播的重要手段之一，其种类众多，不同种类的广告起着不同的作用，效果也大不相同。POP广告是其中的形式之一，且用途较为广泛。因此，学好POP广告非常重要，尤其是对从事广告设计工作的人来说有着特别重要的意义。

5.1.1 POP广告的主要功能

"POP"是英文"Point of Purchase"的缩写，中文意思是"销售点广告""购买点广告""店面广告"或"店头广告"，是生产商与消费者接触点的广告，一般展现在购买场所的门口、通道、内部及设施上等。如图5-1所示为餐厅的POP广告。

图5-1 POP广告

专家提醒

古老的中国有着悠久的文化，类似于POP广告的表现形式早已存在。宋朝画家张择端绘制的《清明上河图》中就有许多种广告形式，有些类似于POP广告，如酒店的旗帜、幌子，客栈的灯笼、牌匾，武馆门前的大刀、长矛等。再如，春节贴春联、"福"字，结婚贴红双喜、窗花，端午节门上插艾草，小孩出天花在门上挂红布条等，这些也都是类似于POP广告的形式。

在经济繁荣、科技迅速发展的现代社会中，商品交易日趋多样化，商业竞争也日益激烈。除了降低价格外，商家提供更有效的服务及便利也极为重要。人们通过各种POP广告了解商品的信息和质量，认清商品的品牌、名称及功用等，并产生购买欲望。

POP广告的功能很多，不同的POP广告有着不同的功能，综合起来有以下几点。

（1）及时介绍和宣传新产品：新产品问世，商家为了抢占市场、获取更高的利润，急需将产品推销出去，消费者又急于了解。这时POP广告就派上了用场，它简便、迅速、经济，是最为有效的广告形式之一。

（2）促进潜在消费者的购买：消费者有两种购买意识，一种是当前的需求，另一种是潜在的需求。POP的功能之一就是引导和激发具有潜在购买意识的消费者去消费，同时弥补其他媒体广告的不足，以增强和加深消费者对产品的了解和认识。

（3）充当售货员的角色：POP广告是"无声的售货员"和"忠实的推销者"，它直接与消费者见面，把商品信息告知消费者，使消费者能够迅速地做出选择，既简化程序，又突出了消费者，无不体现了以人为本的理念。

（4）美化环境，创造良好气氛：强烈的色彩、别致的造型结构、多样化的形式，使购物环境大大得以改善。环境的改善会为消费者营造良好的购物气氛，而良好的购物气氛会带来良好的销售业绩，从而使商家获得更高的利润。

（5）争取有效的时空效果：POP广告的最大特点是便利。它可以利用有效的时间和空间，最大限度地发布商品信息，这对商家来说尤为重要。

（6）树立和提升企业的形象：POP广告的现场展示与宣传，使消费者对产品的质量和服务有了比较和认定，从而密切了产销关系，同时也有利于树立企业在消费者心里的形象，是扩大产品和企业知名度的有效手段。

5.1.2 POP广告的传播渠道

POP广告需要占据一定的空间，选择和利用有效的空间就显得尤为重要了。一般来说，POP广告所占的空间比较小且灵活多样，较好的位置会给人留下较深的印象，从而达到广告宣传的目的。POP广告还可以起到增强购物环境美感的作用，合理的布局不会影响购物，还会引导购物、提高消费者的购买效率。

因此，商家一定要利用好POP广告的传播渠道，掌握空间性战略。

（1）店面POP广告：可以被称为"店铺的面部表情"，包括招牌、橱窗、标志物等，常常以商品实物或象征物传达店铺的个性特色及季节感等。

（2）地面POP广告：利用店内有效的视觉效应空间，设置商品陈列台、展示架、立体形象板、商品资料台等，大致与消费者的视线呈水平，是吸引消费者注意力的焦点所在，如图5-2所示。

图5-2　地面POP广告

（3）壁面POP广告：利用墙壁、玻璃门窗、柜台等可应用的立面，张贴商品海报招贴、传单等，以壁面美化、商品告知为主要功能，重视装饰效果和渲染气氛。

（4）悬挂POP广告：从店铺天花板垂吊下来，高度适中，如商品标志旗、服务承诺语、吉祥物、吊旗等。微风拂动，可以造成各种动感，从各个角度都能直接引起消费者的注意。

（5）货架POP广告：利用商品货架的有效空隙设置小巧的POP广告，如价目卡、商品宣传册、精致传单、小吉祥物等。近距离阅读，"强制"消费者接收商品信息。

（6）指示POP广告：具有引起注意、指示方向、诱导等含义的视觉传达要素，如分隔商品销售区域的指示牌、服务咨询台、导购图示、导购小姐等，以方便消费者购买为主要目的。

（7）视听POP广告：在店内视野较为开阔的区域放置电视录像或大型彩色屏幕，播放商品广告、店面形象广告、店内商品介绍等，或利用店内广播系统传达商品信息，以动态画面和声音内容引起消费者的注意，如图5-3所示。

图5-3　视听POP广告

5.1.3　POP广告的造型特点

POP广告的表现形式多种多样，起着宣传、强化的作用，同时也体现了设计师的聪明才智及艺术造诣。新颖的款式、美观的图形和文字、亮丽的色彩等，无不彰显出POP广告的艺术水平及魅力。

POP广告同样具备一般广告的所有特点，从造型的角度看，包括文字、图形和色彩三大要素。

除了一般平面广告的造型要素外，由于POP广告陈列的特殊方式和地点，从视觉的角度出发，为了适应商场内消费者视线的流动，POP广告多以立体的方式出现或以立体的方式展示。如图5-4所示为以立体方式展示的POP广告。因此，POP广告在平面广告造型的基础上，还要增加立体造型的要素。

另外，POP广告之所以以立体造型为主，除商场空间的因素影响外，立体造型与平面造型在造型本质上的差异也是其中原因之一。

说到立体造型与平面造型的差异，对于POP广告而言，立体造型比平面造型具有更强烈的视觉效果，而且立体造型对于广告内容的表达层次也更加丰富。

图5-4　以立体方式展示的POP广告

当然，立体造型并不能代替平面造型。POP广告设计师必须有效地利用平面造型和立体造型的要素，才能真正做到尽善尽美。

专家提醒

　　POP广告的立体造型，从形态选择的角度看，可以被分为具象形态和抽象形态两大类。具象形态的造型，可以是对产品实物形象的利用，对产品模型的放大或缩小，也可以是与产品有关的附加具象形态的造型，或象征、比喻性具象形态的造型；而抽象形态的造型，则是以抽象的几何形态、有机形态、偶然形态等间接与产品内容发生联系，或从抽象的材质关系中产生与产品内容的联系等。

5.2　POP广告设计——商场节庆广告

　　本案例设计的是一款商场节庆的POP广告，效果如图5-5所示。

图5-5　POP广告

5.2.1 制作背景效果

制作POP广告背景效果的具体操作步骤如下。

步骤01| 按Ctrl＋N组合键，新建一个名为"商场节庆POP广告"的RGB模式的图像文件，设置"宽度"和"高度"分别为20cm和8cm，如图5-6所示，单击"确定"按钮。

步骤02| 选择工具箱中的"矩形工具" 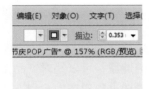，在工具属性栏中设置"填色"为白色，单击"描边"图标 ，弹出"拾色器"对话框，设置"颜色"为紫红色（#D010B1）、"描边粗细"为0.353mm，如图5-7所示。

图5-6 新建文件　　　　　　　　　　　　　　　图5-7 设置工具

步骤03| 移动鼠标指针至当前工作窗口，单击鼠标左键并进行拖动，绘制一个矩形，效果如图5-8所示。

步骤04| 按Ctrl＋O组合键，打开一幅素材图像，如图5-9所示。

图5-8 绘制矩形　　　　　　　　　　　　　　　图5-9 素材图像

步骤05| 确定上述所打开的素材图像为当前工作文件，按Ctrl＋C组合键复制选择的图像，确定"商场节庆POP广告"文件为当前工作文件，按Ctrl＋V组合键粘贴复制的图像，并调整图像的大小与上述所绘制的矩形图形相同，以此作为背景，效果如图5-10所示。

步骤06| 选择工具箱中的"椭圆工具" ，在工具属性栏中按住Shift键单击"填色"图标 ，弹出"颜色"面板，设置"颜色"为玫红色（RGB的参考值为242、18、97），"描边"为"无"，移动鼠标指针至当前工作窗口，单击鼠标左键并进行拖动，绘制一个椭圆图形，效果如图5-11所示。

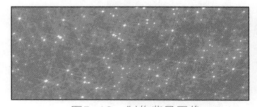

图5-10 制作背景图像　　　　　　　　　　　　图5-11 绘制椭圆

步骤07 确定上述所绘制的椭圆图形为被选择状态，执行"效果"|"风格化"|"羽化"命令，弹出"羽化"对话框，在该对话框中设置"羽化半径"为1.2cm，如图5-12所示。

步骤08 单击"确定"按钮，图形的羽化效果如图5-13所示。

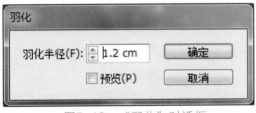

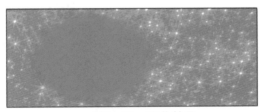

图5-12 "羽化"对话框　　　　　　　　　　　　图5-13 羽化效果

步骤09 按Ctrl+O组合键，打开两幅素材图像，如图5-14所示。

图5-14 素材图像

步骤10 按Ctrl+C组合键，复制打开的两幅图像，确定"商场节庆POP广告"文件为当前工作文件，按Ctrl+V组合键，粘贴复制的图像并调整图像的大小与位置，效果如图5-15所示。

图5-15 复制、粘贴并调整图像

专家提醒

　　本案例设计的是一款商场节庆吊旗式POP广告，主要运用的色调为暖色调，使用了我国节庆的传统色——红色与黄色。因为是节庆，所以使用的颜色十分鲜艳，象征着喜庆与欢快。在视觉上鲜艳的颜色给人们的冲击力更强，能够快速吸引人们的眼球。

步骤11 按Ctrl＋O组合键，打开一幅素材图像，如图5-16所示。

步骤12 确定上述所打开的素材图像为当前工作文件，按Ctrl＋C组合键，复制选择的图像，确定"商场节庆POP广告"文件为当前工作文件，按Ctrl＋V组合键，粘贴复制的图像并调整图像的大小与位置，效果如图5-17所示。

图5-16　素材图像

图5-17　复制、粘贴并调整图像

步骤13 在工具属性栏中设置其填充颜色为白色，效果如图5-18所示。

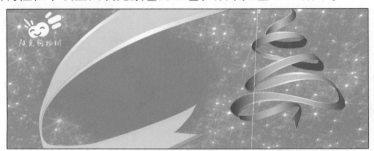

图5-18　填充白色

5.2.2　制作文字效果

制作POP广告文字效果的具体操作步骤如下。

步骤01 选择工具箱中的"文字工具"　，在工具属性栏中设置"填色"为白色、"描边"为"无"、"字体"为"方正综艺简体"、"字体大小"为32pt，如图5-19所示。

步骤02 移动鼠标指针至当前工作窗口，在图形对象上单击鼠标左键，确定文字的插入点，输入文字"喜迎新春"，效果如图5-20所示。

图5-19　设置工具

图5-20　输入文字

步骤03| 使用与上面同样的方法，在当前工作窗口中输入文字"相约阳光"，效果如图5-21所示。

步骤04| 选择工具箱中的"钢笔工具" ，在图形对象上绘制一条路径，效果如图5-22所示。

图5-21　输入文字

图5-22　绘制路径

技巧点拨

如果是在闭合路径上创建路径文字或直排路径文字，则两种文字的走向是相同的。当文本填充完整条路径后继续输入文字，则文字插入点的位置会显示图标，表示路径已填充完毕，且有文本被隐藏。

步骤05| 选择工具箱中的"文字工具" ，在工具属性栏中按住Shift键单击"填色"图标 ，弹出"颜色"面板，在其中设置"颜色"为橘红色（RGB的参考值为255、64、0），然后设置"描边"为"无"，"字体"为"文鼎雕刻体"、"字体大小"为30pt，如图5-23所示。

步骤06| 移动鼠标指针至当前工作窗口，在上述所绘制的路径上单击鼠标左键，确定文字的插入点，输入文字"New Year"，所输入的文字沿着路径进行排列，效果如图5-24所示。

图5-23　设置文字属性

图5-24　输入文字

步骤07| 确定上述所输入的文字为被选择状态，使用工具箱中的"文字工具" ，选择

"Year"文字，在工具属性栏中设置"字体大小"为39pt，此时当前工作窗口中所选文字的效果如图5-25所示。

图5-25　更改文字的大小

5.2.3　制作图形元素

制作POP广告图形元素的具体操作步骤如下。

步骤01| 按Ctrl+O组合键，打开一幅素材图像，如图5-26所示。

步骤02| 确定"商场节庆POP广告"文件为当前工作文件，按Ctrl+A组合键选择当前工作窗口中的所有图像，按Ctrl+C组合键复制选择的图像，确定上述所打开的素材图像为当前工作文件，按Ctrl+V组合键粘贴复制的图像并调整图像的大小和位置，效果如图5-27所示。

图5-26　素材图像

图5-27　复制、粘贴并调整图像

步骤03| 确定上述复制、粘贴的图像为被选择状态，执行"对象"|"封套扭曲"|"用网格建立"命令，弹出"封套网格"对话框，设置"行数"为1、"列数"为1，如图5-28所示。

步骤04| 单击"确定"按钮，建立封套网格，效果如图5-29所示。

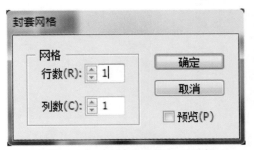

图5-28　"封套网格"对话框

图5-29　建立封套网格

步骤05|选择工具箱中的"直接选择工具" ，移动鼠标指针至当前工作窗口，选择封套网格图形左上角的网格点，单击鼠标左键并向左拖动，至合适位置时释放鼠标左键，效果如图5-30所示。

步骤06|使用与上面同样的方法，对其他网格点进行调整，效果如图5-31所示。

图5-30　调整网格点

图5-31　调整网格点

步骤07|确定上述调整后的图形为被选择状态，按住Alt键的同时单击鼠标左键并进行拖动，复制并调整图形，效果如图5-32所示。

图5-32　图形效果

5.3 知识链接——"羽化"命令

使用"羽化"命令，可以在所选择的对象上制作边缘柔化的效果。下面以制作山水画为例，介绍"羽化"命令的使用方法。

步骤01|执行"文件"|"打开"命令，打开素材图像，如图5-33所示。

步骤02|选择工具箱中的"钢笔工具" ，在"渐变"面板中设置渐变矩形条下方渐变滑块色标的颜色，分别为"红色"（CMYK的参考值为0、100、31、0）、"粉红"（CMYK的参考值为0、47、0、0），在工具属性栏中设置"描边"为"无"，在当前工作窗口中的树枝上绘制闭合路径作为花苞，效果如图5-34所示。

图5-33　素材图像　　　　　　　　　　　　　　　图5-34　绘制闭合路径

步骤03| 保持绘制的路径处于被选择状态，执行"效果"|"风格化"|"羽化"命令，弹出"羽化"对话框，设置"羽化半径"为0.2cm，如图5-35所示，单击"确定"按钮，羽化选择的图形，效果如图5-36所示。

图5-35　"羽化"对话框　　　　　　　　　　　　图5-36　羽化图形效果

步骤04| 使用同样的方法绘制其他花苞，效果如图5-37所示。

图5-37　图形效果

第6章
DM广告设计

DM（Direct Mail advertising），直邮信函广告，即通过邮寄、赠送等形式将宣传品送到消费者手中、家里或公司所在地，是一种灵活、方便的广告媒体，在国外被广泛运用，并被喻为"广告轻骑兵"。

 本章重点

- ◆ 关于DM广告
- ◆ DM广告设计——皇家酒店
- ◆ 知识链接——"铜版雕刻"命令

效果展示

6.1 关于DM广告

针对某一对象直接邮寄广告的方法，被称为"直接邮寄广告"，简称"DM"（Direct Mail advertising），也被称为"广告信函"。广泛地说，凡以传达商业信息为目的，通过邮寄等方式传递的广告都可以被统称为"DM直邮广告"。

6.1.1 DM的含义

"DM"是指通过邮政系统等途径将广告直接传递给广告受众的广告形式，在社区和市场虽范围大但顾客分散的情况下，DM广告发挥着其他广告形式所不能取代的作用。DM广告由8开或16开广告纸正反面彩色印刷而成，通常采取邮寄、定点派发、选择性派送到消费者住处等多种传递方式，是超市最重要的促销途径之一。如图6-1所示为护肤品DM广告。

图6-1　DM广告

专家提醒

　　DM广告种类繁多，常见的形式有销售函件、商品目录、商品说明书、小册子、名片、明信片及传单等。

6.1.2 DM广告的特点

DM广告的分类很广泛，几乎涉及商业广告文化的各个领域，通常包括各类展会的产品促销单、产品优惠赠券、公司简介、活动通知、演出目录、服务指南、产品宣传等。DM广告主要有以下特点。

（1）强烈的针对性：由于DM广告直接将广告信息传递给真正的受众，具有强烈的选择性和针对性，其他媒介只能将广告信息笼统地传递给所有受众，而不管受众是否是广告信息的目标对象。

（2）较长的广告持续时间：一个30秒的电视广告，它的信息在30秒后荡然无存。DM广告则明显不同，在受传者做出最后决定之前，可以反复阅读广告信息，并以此作为参照物来详尽了解产品的各项性能指标，直到最后做出购买或舍弃的决定。

（3）较强的灵活性：不同于报纸杂志广告，DM广告的广告商可以根据自身的具体情况，任意选择版面大小并自行确定广告信息的长短，以及选择全色或单色的印刷形式，只需考虑邮政等部门的有关规定及广告商自身广告预算规模的大小。除此之外，广告商可以随心所欲地制作出各种各样的DM广告。

（4）良好的广告效应：DM广告是由广告商直接寄送给个人的，因此广告商在付诸实际行动之前可以参照人口统计因素和地理区域因素选择受传对象，以保证最大限度地使广告信息为受传对象所接受。与其他媒体广告不同，受传者在收到DM广告后，会迫不及待地了解其中内容，不会受到外界的干扰。基于这两点，DM广告较之其他媒体广告能产生良好的广告效应。

（5）可测定性：广告商在发出DM广告之后，可以借助产品销售数量的增减变化情况及变化幅度，了解广告信息传出之后产生的效果。这一优势超过了其他媒体广告。

（6）隐蔽性：DM广告是一种深入潜行的非轰动性广告，不易引起竞争对手的察觉和重视。

（7）目标对象的选定及到达：目标对象选择欠妥，势必使广告效果大打折扣，甚至使DM广告失效。没有可靠有效的目标对象列表，DM广告只能变成一堆乱寄的废纸。

（8）DM广告的创意、设计及制作：DM广告无法借助报纸、电视、杂志、电台等在公众中已建立的信任度，因此，DM广告只能以其自身的优势，良好的创意、设计、印刷，诚实、诙谐、幽默等富有吸引力的内容来吸引目标对象，以达到较好的效果。

专家提醒

二维码纸巾DM是在纸巾上印刷二维码图案，用户通过扫描二维码可以链接到互联网上，其表现形式可能是图片、视频或者链接。这种传播方式可以利用人们吃饭、坐车及在卫生间的碎片化时间传播广告商的信息，以达到精准营销的目的。

6.1.3　DM广告的设计要领

DM广告在设计时要将着重点放在如何突出所要宣传的信息内容的传达上，综合起来有以下四点。

（1）DM广告的设计与创意要新颖、别致，制作精美，内容编排要让人不舍得丢弃，确保DM广告有吸引力和保存价值。例如，"古井贡酒"在非典期间以幽默的表现手法宣传防治非典的知识，深受广大消费者的喜爱，其DM广告引起了消费者的争相传阅。

（2）主题口号一定要响亮，要能抓住消费者的眼球。好的标题是成功的一半，不仅能给人以耳目一新的感觉，还会产生较强的诱惑力，引发消费者的好奇心，吸引他们不由自主地看下去，使DM广告的效果最大化。

（3）纸张、规格的选择大有讲究。彩页类选择铜版纸；文字信息类选择新闻纸。选择新闻纸时，规格最好是报纸一个整版的面积，至少也要一个半版；彩页类，规格一般不小于B5纸，一些二折、三折页不要夹在报纸里，因为消费者拿报纸时很容易将它们抖落。

（4）随报投递应根据目标消费者的接触习惯，选择合适的报纸。例如针对男性，可以选择新闻和财经类报纸，或当地的晚报等。

专家提醒

校园DM是DM广告最重要的组成部分，是DM广告校园细分市场的演化，目的在于引领学生消费。由于高校人群构成了未来的主流中产人群，广告商越来越注重营销未来，影响校园。校园DM在全国各地都有较大规模的发展，多出自高校学生创业团队，缺乏正规的商业模式指导和工商监管，导致市场混乱，存活周期短，但不能一概否定。随着将来分众传媒形式的进一步扩展，校园DM也将有较大的发展前途。

6.2 DM广告设计——皇家酒店

本案例设计的是一款皇家酒店的DM广告，效果如图6-2所示。

图6-2　DM广告

6.2.1　绘制背景元素

绘制DM广告背景元素的具体步骤如下。

步骤01 按Ctrl＋N组合键，新建一个名为"皇家酒店"的CMYK模式的图像文件，设置"宽度"和"高度"均为20cm，如图6-3所示。

步骤02 双击工具箱中的"渐变工具" ，显示"渐变"面板，设置渐变矩形条下方渐变滑块色标的颜色，分别为白色和黑色（CMYK的参考值为95、88、90、80），设置"类型"为"径向"，如图6-4所示。

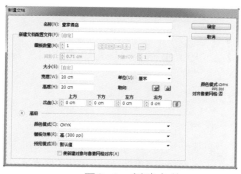

图6-3　新建文件

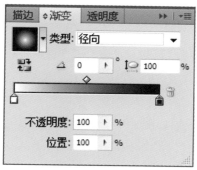

图6-4　"渐变"面板

步骤03| 选择工具箱中的"矩形工具" ，移动鼠标指针至当前工作窗口，在窗口的左上角单击鼠标左键并向右下角拖动，绘制一个与页面大小相同的矩形，调整渐变圆心的位置，效果如图6-5所示。

步骤04| 选择工具箱中的"钢笔工具" ，在工具属性栏中设置"填色"为黑色、"描边"为"无"，在当前工作窗口中绘制的矩形上绘制一条闭合路径，效果如图6-6所示。

图6-5　绘制矩形

图6-6　绘制闭合路径

步骤05| 保持绘制的闭合路径处于被选择状态，执行"效果"｜"像素化"｜"铜版雕刻"命令，弹出"铜版雕刻"对话框，在"类型"右侧的下拉列表框中选择"精细点"选项，如图6-7所示。

步骤06| 单击"确定"按钮，即可得到铜版雕刻效果，如图6-8所示。

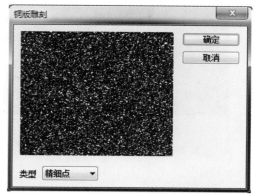

图6-7　"铜版雕刻"对话框

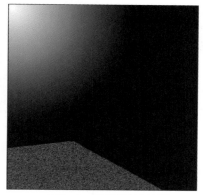

图6-8　铜版雕刻效果

专家提醒

"铜版雕刻"滤镜的工作原理是：用点、线条或笔画重新生成图形，再将图形转换为全饱和度颜色下的随机图案。

步骤07| 保持使用滤镜效果的图形处于被选择状态，在工具属性栏中设置"不透明度"为30%，效果如图6-9所示。

步骤08| 选择工具箱中的"矩形工具" ▣ ，在"渐变"面板中设置"类型"为"线性"、"角度"为-90°，设置渐变矩形条下方渐变滑块色标的颜色分别为黄色（#F7AF00）和黑色（#000000），如图6-10所示。

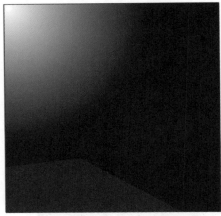

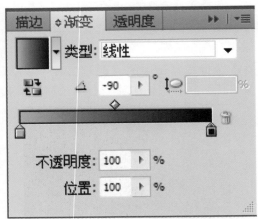

图6-9　图形效果　　　　　　　　　图6-10　设置属性

步骤09| 在当前工作窗口中单击鼠标左键并进行拖动，绘制一个矩形，效果如图6-11所示。

步骤10| 选择工具箱中的"直接选择工具" ▸ ，在当前工作窗口中选择矩形右上角的锚点，按住Shift键的同时按键盘上的↓键，移动该锚点的位置，效果如图6-12所示。

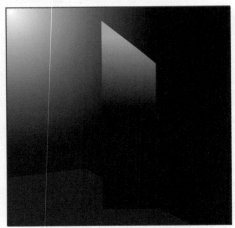

图6-11　绘制矩形　　　　　　　　　图6-12　改变锚点的位置

步骤11| 选择工具箱中的"矩形工具" ▣ ，在工具属性栏中设置"填色"为淡黄色（CMYK的参考值为0、0、10、0）、"描边"为"无"，如图6-13所示。

步骤12| 在当前工作窗口中绘制一个矩形，效果如图6-14所示。

图6-13　设置属性

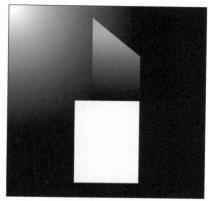

图6-14　绘制矩形

步骤13| 使用与上面同样的方法，移动锚点的位置，效果如图6-15所示。

步骤14| 保持绘制的图形处于被选择状态，执行"效果"|"风格化"|"投影"命令，弹出"投影"对话框，设置"不透明度"为37%、"X位移"为0cm、"Y位移"为-0.3cm，如图6-16所示。

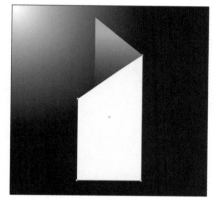

图6-15　移动锚点的位置

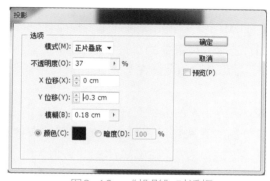

图6-16　"投影"对话框

步骤15| 单击"确定"按钮，即可为选中的图形添加投影效果，效果如图6-17所示。

步骤16| 使用与上面同样的方法绘制其他矩形，移动锚点的位置、添加投影效果并设置其颜色，效果如图6-18所示。

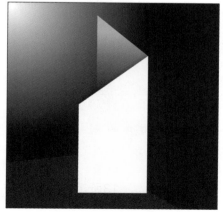

图6-17　添加投影效果

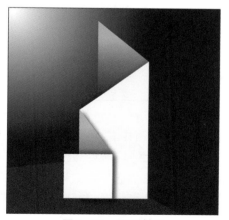

图6-18　图形效果

步骤17| 按Ctrl＋O组合键，打开一幅素材图像，如图6-19所示，选择该图像，执行"编辑"｜"复制"命令，复制选择的图像。

步骤18| 确认"皇家酒店"文件为当前工作文件，执行"编辑"｜"粘贴"命令，粘贴复制的图像并调整其位置和大小，制作酒店的标志，效果如图6-20所示。

图6-19　素材图像

图6-20　复制、粘贴图像

6.2.2　编排文字元素

编排DM广告文字元素的具体步骤如下。

步骤01| 选择工具箱中的"直线段工具" ，在工具属性栏中设置"描边"为黑色、"描边粗细"为0.353mm，在当前工作窗口中酒店标志的下方绘制一条直线，效果如图6-21所示。

步骤02| 保持绘制的直线处于被选择状态，按Ctrl＋C组合键复制选择的直线，按Ctrl＋F组合键将复制的直线粘贴在原直线的前面，按键盘上的↓键移动直线的位置，在工具属性栏中设置"描边"为灰色（CMYK的参考值为0、0、0、49），效果如图6-22所示。

图6-21　绘制直线

图6-22　复制、粘贴直线

步骤03| 选择工具箱中的"文字工具" T，在工具属性栏中设置"填色"为橙红色（#C33A1E）、"字体"为"创艺简标宋"、"字号"为12pt，在当前工作窗口中直线的下方输入文字"皇家酒店"，效果如图6-23所示。

步骤04| 在工具属性栏中设置"填色"为黑色、"字号"为7pt，其他参数设置不变，在当前工作窗口中直线的上方输入英文"IMPERIAL HOTEL"，如图6-24所示。

图6-23　输入文字

图6-24　输入英文

步骤05｜运用"文字工具" $\boxed{T}$ ，在当前工作窗口中选择英文中的字母"I"，在工具属性栏中设置"字号"为9pt，效果如图6-25所示。

步骤06｜使用同样的方法设置字母"H"的字号，效果如图6-26所示。

图6-25　改变字号

图6-26　文字效果

步骤07｜使用同样的方法输入其他文字，设置其各自的颜色、字体和字号，效果如图6-27所示。

步骤08｜选择工具箱中的"矩形工具" $\boxed{□}$ ，在工具属性栏中设置"填色"为黑色、"描边"为"无"，在当前工作窗口中绘制一个正方形，效果如图6-28所示。

图6-27　输入文字并设置文字属性

图6-28　绘制正方形

步骤09| 使用同样的方法，绘制其他正方形并调整其位置，效果如图6-29所示。

步骤10| 选择工具箱中的"选择工具" ▶，在当前工作窗口中按住Shift键依次选择图6-30中的图形。

图6-29 图形效果

图6-30 选择图形

步骤11| 连续按7次Ctrl + [组合键，将选择的图形后移，效果如图6-31所示。

步骤12| 按Ctrl + A组合键选择全部图形，选择工具箱中的"选择工具" ▶，在当前工作窗口中按住Shift键单击背景图形和添加滤镜的图形，取消对其选择，如图6-32所示，即选择DM广告的全部图形。

图6-31 图形后移

图6-32 选择图形

技巧点拨

在选择图形时，如果需要选择的图形较多而不需要选择的图形较少，可以按Ctrl＋A组合键选择全部图形，再按住Shift键依次单击不需要选择的图形。

步骤13| 按Ctrl + G组合键将选择的图形进行编组，执行"对象"|"变换"|"对称"命令，在弹出的"镜像"对话框中单击"水平"单选按钮，单击"复制"按钮，水平复制选择的图形并调整其位置，效果如图6-33所示。

步骤14| 选择工具箱中的"矩形工具" ▢，在当前工作窗口中绘制一个与页面大小相同的矩形，效果如图6-34所示。

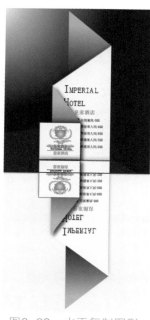

图6-33　水平复制图形　　　图6-34　绘制矩形

步骤15| 保持绘制的矩形处于被选择状态，选择工具箱中的"选择工具" ，在当前工作窗口中按住Shift键选择水平复制的图形，执行"对象"|"剪切蒙版"|"建立"命令，创建剪切蒙版，效果如图6-35所示。

步骤16| 选择创建剪切蒙版的图形，在工具属性栏中设置"不透明度"为50%，效果如图6-36所示。

图6-35　创建剪切蒙版　　　　　　图6-36　最终效果

6.3　知识链接——"铜版雕刻"命令

使用"铜版雕刻"命令，可以将图像转换为黑白图案或彩色图像中颜色完全饱和的图案。

在当前工作窗口中选择一幅位图图像，执行"效果"|"像素化"|"铜版雕刻"命令，弹出"铜版雕刻"对话框，如图6-37所示。

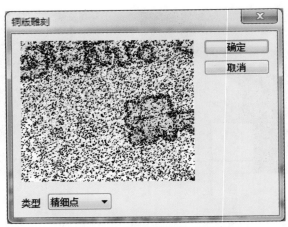

图6-37 "铜版雕刻"对话框

该对话框中参数的含义如下。

● 类型：在其右侧的下拉列表框中可以选择铜版雕刻的类型。

步骤01 打开一幅素材图像，如图6-38所示，执行"效果"|"像素化"|"铜版雕刻"命令，弹出"铜版雕刻"对话框，在"类型"下拉列表框中选择"中等点"选项，如图6-39所示。

图6-38 素材图像

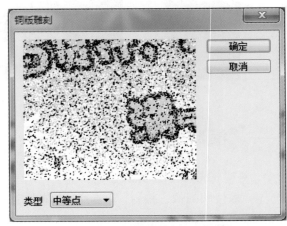

图6-39 "铜版雕刻"对话框

使用"效果"菜单中的命令时，如果某些命令呈灰色不可用状态，则说明在进行操作时需要将图形或图像进行栅格化处理。

步骤02 单击"确定"按钮，效果如图6-40所示。

图6-40 "铜版雕刻"中的"中等点"效果

"铜版雕刻"滤镜的工作原理是：用点、线条或笔画重新生成图形，再将图形转换成全饱和度颜色下的随机图案。"类型"下拉列表框中提供有10种铜版雕刻的类型，选择需要的类型后可以直接通过预览框预览图形效果。

第7章
宣传画册设计

　　宣传画册又被称为"样本广告"，样本与说明书相似，都是有封面和内页的小册子，像书籍装帧一样既有完整的封面又有完整的内容。宣传画册是现代商业信息社会中应用最广泛的广告宣传形式之一，在当代经济领域里组织的市场营销活动及社会集团公关交往中起到了重要的作用。

 本章重点

- ◆ 关于宣传画册
- ◆ 宣传画册设计——恋心首饰
- ◆ 知识链接——渐变工具

效果展示

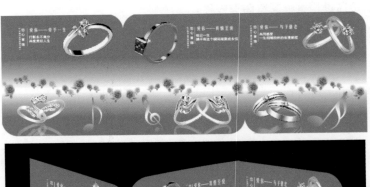

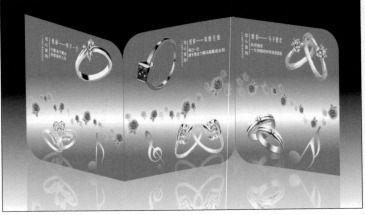

宣传画册是企业在商业贸易活动中的重要媒介，特点是自成一体，无需借助其他媒体，不受其他媒体的宣传环境、公众特点、信息安排、版面、印刷、纸张等各种限制，因此又被称为"非媒介性广告"。

7.1.1 宣传画册的种类

宣传画册是以一个完整的宣传形式，针对销售季节或流行期，针对有关企业和人员，针对展销会、洽谈会，针对购买货物的消费者，进行邮寄、分发、赠送，以扩大企业、产品的知名度，推售产品和加强消费者对产品的了解，强化广告的效用。如图7-1所示为宣传画册。

图7-1 宣传画册

> **专家提醒**
>
> 企业画册和产品介绍画册是企业和产品宣传的重要表现形式之一，大部分客户由于时间和空间的问题，不会亲自跑到产品企业去考察，因此，企业画册和产品介绍画册的产生便有了绝对的必要性。

宣传画册按应用领域划分，常见的有以下几类。

（1）医院画册：医院画册的设计要求稳重、大方，给人以安全、健康、和谐、值得信赖的印象，设计风格要求大众生活化。

（2）药品画册：药品画册的设计比较独特，根据消费对象可被分为医院用（消费对象为院长、医师、护士等）、药店用（消费对象为店长、导购、在店医生等），用途不同，设计风格也要做相应的调整。

（3）医疗器械画册：医疗器械画册的设计一般从产品本身的性能出发，体现产品的功能和优点，进而向消费者传达产品的信息。

（4）食品画册：食品画册的设计要从食品的特点出发，体现视觉、味觉等特点，激发消费者的食欲，以提升购买的欲望。

　　（5）IT企业画册：IT企业画册的设计要求简洁、明快，融入高科技信息，以体现IT企业的行业特点。

　　（6）房地产宣传画册：房地产宣传画册一般是根据房地产的楼盘销售情况做相应的设计，如开盘、宣传形象、介绍楼盘特点等。此类画册的设计要求时尚、前卫、和谐，凸显人文环境。如图7-2所示为房地产宣传画册。

图7-2　房地产宣传画册

　　（7）酒店画册：酒店画册的设计要求体现品质高档、注重享受等特点，在设计时使用一些独特的元素来体现。

　　（8）学校宣传画册：根据用途的不同，学校宣传画册的设计大致可分为形象宣传、招生、毕业留念册等。

　　（9）服装画册：服装画册的设计更注重消费者的档次，要满足视觉、触觉的需要。根据服装类型、风格的不同，服装画册的设计也不尽相同，如休闲类、工装类等。

　　（10）招商画册：招商画册的设计主要体现"招商"的概念，要展现自身的优势，引起投资者的兴趣。

　　（11）校庆画册：校庆画册的设计要体现喜庆、团圆、美好、向上、怀旧的意味。

　　（12）企业年报画册：企业年报画册的设计是对企业本年度工作进程的整体展现，一般都是以大场面展现大事件，要求设计师要有深厚的文化底蕴。

　　（13）体育画册：时尚、动感是体育行业的特点，根据具体行业领域的不同，表现也略有不同。

　　（14）公司画册：公司画册的设计一般被用来体现公司的内部状况，风格比较沉稳。

　　（15）旅游画册：旅游画册的设计主要展现景区的美感、设施的优越、配套的服务等，以吸引游客来观光。

7.1.2　企业宣传画册的设计原则

　　企业形象宣传画册的设计，主要从企业文化、经营理念、企业背景等角度出发，力求凸显企业的特质。企业产品宣传画册的设计，主要以产品特点和企业性质为出发点，应用图形创意和设计元素，着重体现产品的性能。

建议设计师在进行设计时，考虑以下四点原则。

（1）要具有针对性强和独立的特点，充分使其为企业形象或产品宣传服务。

（2）抓住企业形象或产品的特点，运用逼真的摄影图片或其他形式，结合品牌、商标、企业名称及联系地址等，以定位的方式、艺术的表现吸引消费者。

（3）画册内页的设计要详细地反映企业形象或产品的内容，做到图文并茂。

（4）从构思到形象表现，从开本到印刷纸张，对画册的设计都提出了高要求。要设计出精美的宣传画册，让消费者爱不释手，就像得到一张卡片或一本书籍般妥善收藏，而不会随手丢弃。

7.2 宣传画册设计——恋心首饰

本案例设计的是一款恋心首饰的宣传画册，效果如图7-3所示。

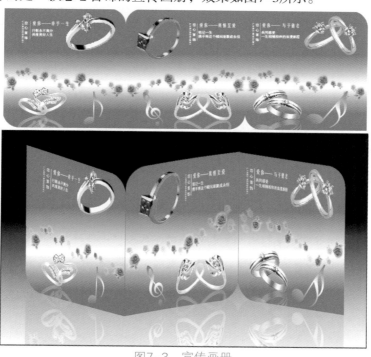

图7-3　宣传画册

7.2.1　绘制折页A

绘制恋心首饰宣传画册折页A的具体操作步骤如下。

步骤01　按Ctrl＋N组合键，新建一个名为"恋心首饰宣传画册"的CMYK模式的文件，设置"宽度"为22cm、"高度"为7.5cm，如图7-4所示，单击"确定"按钮。

步骤02　选择工具箱中的"矩形工具"，单击工具属性栏中的"填色"图标，在"色板"面板中单击"白色"色块，如图7-5所示。

图7-4　新建文件

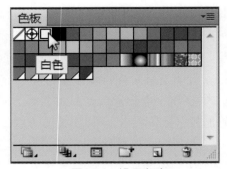

图7-5　设置颜色

步骤03| 移动鼠标指针至当前工作窗口，单击鼠标左键并进行拖动，绘制一个与页面大小相同的矩形。选择工具箱中的"钢笔工具" ![pen]，调出"渐变"面板，在"渐变"面板中设置"类型"为"线性"、"角度"为0°，如图7-6所示。

步骤04| 移动鼠标指针至当前工作窗口，在窗口左侧单击鼠标左键，绘制一个闭合图形，效果如图7-7所示。

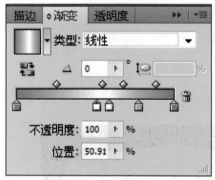

图7-6　"渐变"面板

图7-7　绘制图形

步骤05| 按Ctrl + O组合键，打开一幅玫瑰素材图像，如图7-8所示。

步骤06| 选择工具箱中的"选择工具" ![select]，在当前工作窗口中选择打开的素材图像，按Ctrl + C组合键复制选择的图像，确认"恋心首饰宣传画册"文件为当前工作文件，按Ctrl + V组合键粘贴复制的图像，调整图像的大小及位置，效果如图7-9所示。

图7-8　素材图像

图7-9　复制、粘贴图像并调整其大小及位置

步骤07| 按Ctrl + O组合键，打开一幅钻戒素材图像，如图7-10所示。

步骤08 使用与上面同样的方法,将打开的素材图像复制、粘贴至"恋心首饰宣传画册"文件中,效果如图7-11所示。

图7-10 素材图像

图7-11 复制、粘贴图像

步骤09 按Ctrl + O组合键,打开一幅钻戒素材图像,如图7-12所示。

步骤10 使用与上面同样的方法,将打开的素材图像复制、粘贴至"恋心首饰宣传画册"文件中,效果如图7-13所示。

图7-12 素材图像

图7-13 复制、粘贴图像

步骤11 选择工具箱中的"镜像工具" ,在当前工作窗口中按住Ctrl键的同时,选择复制、粘贴的第二幅素材图像,并在其合适位置处单击鼠标左键,确认镜像的中心点,如图7-14所示。

步骤12 按住Alt键单击鼠标左键并进行拖动,以复制并镜像选择的图像,效果如图7-15所示。

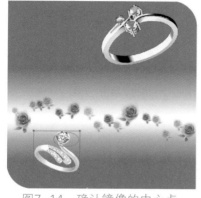

图7-14 确认镜像的中心点

图7-15 复制并镜像图像

步骤13| 按Ctrl + O组合键,打开一幅音符素材图像,使用与上面同样的方法,将打开的素材图像复制、粘贴至"恋心首饰宣传画册"文件中,效果如图7-16所示。

步骤14| 选择工具箱中的"垂直文字工具" ,在工具属性栏中设置"填色"为白色,在"字符"面板中设置"字体"为"黑体"、"字体大小"为6pt,如图7-17所示。

图7-16　素材图像　　　　　　　　图7-17　设置文字属性

步骤15| 移动鼠标指针至当前工作窗口,在窗口左上角处单击鼠标左键,确认插入点,输入文字"恋心首饰",效果如图7-18所示。

步骤16| 选择工具箱中的"文字工具" ,在"字符"面板中设置"字体"为"方正姚体"、"字体大小"为8pt,如图7-19所示。

图7-18　输入文字　　　　　　　　图7-19　设置文字属性

步骤17| 移动鼠标指针至当前工作窗口,在窗口中输入的文字的右侧单击鼠标左键,确认插入点,输入文字"爱你——牵手一生",效果如图7-20所示。

步骤18| 选择工具箱中的"直线段工具" ,在工具属性栏中设置"描边"为白色、"描边粗细"为0.176mm,如图7-21所示。

图7-20 输入文字

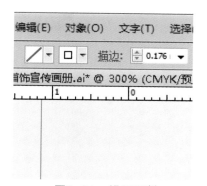
图7-21 设置属性

步骤19 | 移动鼠标指针至当前工作窗口，在窗口左上角处单击鼠标左键并进行拖动，绘制一条直线段，效果如图7-22所示。

步骤20 | 选择工具箱中的"文字工具"[T]，在当前工作窗口中输入其他文字，设置文字的字体及大小，调整文字的位置，效果如图7-23所示。

图7-22 绘制直线段

图7-23 输入并调整文字

7.2.2 绘制折页B

绘制恋心首饰宣传画册折页B的具体操作步骤如下。

步骤01 | 选择工具箱中的"选择工具"[↖]，在当前工作窗口中按住Shift键依次选择玫瑰图像和渐变背景，如图7-24所示。

步骤02 | 按Ctrl + C组合键复制选择的图像，执行"编辑"|"贴在前面"命令，将选择的图像粘贴在原图像的前面。

步骤03 | 选择工具箱中的"镜像工具"[🔲]，移动鼠标指针至当前工作窗口，在窗口中复制、粘贴的图像的右侧中间位置处单击鼠标左键，确认镜像的中心点，然后单击鼠标左键并进行拖动，以镜像复制的图像，效果如图7-25所示。

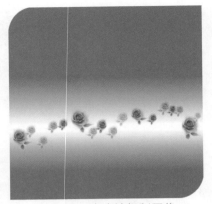

图7-24　选择图像　　　　　　　　　　图7-25　移动并复制图像

步骤04| 按Ctrl＋O组合键，打开一幅钻戒素材图像，如图7-26所示。

步骤05| 选择工具箱中的"选择工具" ![箭头图标]，在当前工作窗口中选择打开的素材图像，按Ctrl＋C组合键复制选择的图像，确认"恋心首饰宣传画册"文件为当前工作文件，执行"编辑"|"粘贴"命令粘贴复制的图像，调整图像的大小及位置，效果如图7-27所示。

图7-26　素材图像　　　　　　　　　　图7-27　复制、粘贴图像

步骤06| 按Ctrl＋O组合键，打开一幅钻戒素材图像，如图7-28所示。

步骤07| 使用与上面同样的方法，将打开的素材图像复制、粘贴至"恋心首饰宣传画册"文件中，效果如图7-29所示。

图7-28　素材图像　　　　　　　　　　图7-29　复制、粘贴图像

步骤08| 在当前工作窗口中选择上一步骤复制、粘贴的图像，执行"编辑"|"复制"命令，复制选择的图像，然后按Ctrl＋F组合键将复制的图像粘贴至原图像的前面。选择工具箱中的"镜像工具"，在当前工作窗口中复制、粘贴的图像的右侧合适位置处单击鼠标左键，确定镜像的中心点，如图7-30所示。

步骤09| 单击鼠标左键并进行拖动，以镜像复制的图像，效果如图7-31所示。

图7-30 确定镜像的中心点

图7-31 镜像图像

步骤10| 按Ctrl＋O组合键，打开一幅音符素材图像，将打开的素材图像复制、粘贴至"恋心首饰宣传画册"文件中，效果如图7-32所示。

步骤11| 在当前工作窗口中运用工具箱中的"文字工具"输入所需的文字，使用"直线段工具"绘制一条直线段，效果如图7-33所示。

图7-32 复制、粘贴图像

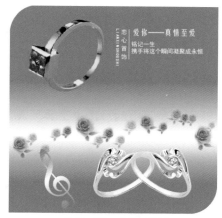

图7-33 制作效果

7.2.3 绘制折页C

绘制恋心首饰宣传画册折页C的具体操作步骤如下。

步骤01| 选择工具箱中的"选择工具"，在当前工作窗口中按住Shift键依次选择如图7-34所示的图像。

步骤02| 按住Alt键单击鼠标左键并向右拖动鼠标指针，以复制选择的图像，效果如图7-35所示。

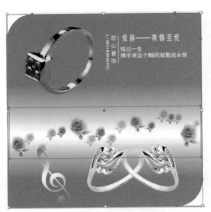

图7-34　选择图像

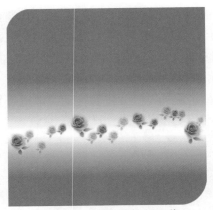

图7-35　移动并复制图像

步骤03| 选择工具箱中的"镜像工具"，在当前工作窗口中复制的图像的居中位置处单击鼠标左键，确定镜像的中心点，如图7-36所示。

步骤04| 单击鼠标左键并进行拖动，以镜像复制的图像，效果如图7-37所示。

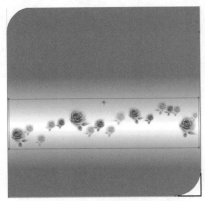

图7-36　确定镜像的中心点

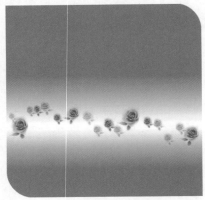

图7-37　镜像图像

步骤05| 按Ctrl + O组合键，打开一幅钻戒素材图像，如图7-38所示。

步骤06| 选择工具箱中的"选择工具"，在当前工作窗口中选择打开的素材图像，将其拖动至"恋心首饰宣传画册"文件中，调整图像的大小及位置，效果如图7-39所示。

图7-38　素材图像

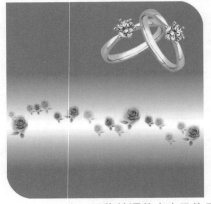

图7-39　拖入图像并调整大小及位置

步骤07| 使用与上面同样的方法，打开另一幅钻戒素材图像，如图7-40所示。

步骤08| 将打开的素材图像拖入"恋心首饰宣传画册"文件中，效果如图7-41所示。

图7-40 素材图像

图7-41 拖入图像

步骤09| 在当前工作窗口中选择拖入的图像，按住Alt键单击鼠标左键并进行拖动，以复制选择的图像，效果如图7-42所示。

步骤10| 在当前工作窗口中运用鼠标指针适当地对图像进行旋转，效果如图7-43所示。

图7-42 移动并复制图像

图7-43 旋转图像

步骤11| 按Ctrl + O组合键，打开一幅音符素材图像，将打开的素材图像拖入"恋心首饰宣传画册"文件中，效果如图7-44所示。

步骤12| 在当前工作窗口中运用工具箱中的"文字工具" T 输入所需的文字，使用"直线段工具" \ 绘制一条直线段，效果如图7-45所示。

图7-44 拖入图像

图7-45 输入文字并绘制直线

步骤13| 选择折页A中的钻戒对象，执行"对象"|"变换"|"对称"命令，在弹出的"镜像"对话框中单击"水平"单选按钮，单击"复制"按钮，水平复制选择的图像并调整其位置，效果如图7-46所示。

步骤14| 选择工具箱中的"矩形工具" ，在当前工作窗口中绘制一个合适大小的矩形，效果如图7-47所示。

图7-46　水平复制图像　　　　　　　　图7-47　绘制矩形

步骤15| 保持绘制的矩形处于被选择状态，选择工具箱中的"选择工具" 📐，在当前工作窗口中按住Shift键选择水平复制的图像，执行"对象"|"剪切蒙版"|"建立"命令，创建剪切蒙版，效果如图7-48所示。

步骤16| 选择创建剪切蒙版的图像，在工具属性栏中设置"不透明度"为40%，效果如图7-49所示。

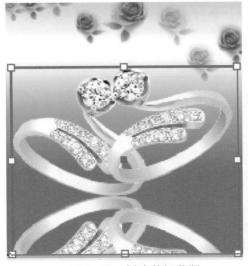

图7-48　创建剪切蒙版　　　　　　　　图7-49　调整不透明度

步骤17| 使用同样的方法制作其他图像，效果如图7-50所示。

图7-50　制作效果

　　折页是文化品位的展现，在阐述其所传播的信息的同时，更要突出其创意和设计的内涵。这就要求设计师在风格和形式上有丰富的想象力，使每件作品都能强烈地诉说自己的魅力所在。本案例以别具一格的造型（对角是圆形）尽显高贵、雅致。

　　也可以通过执行"对象"|"封套扭曲"|"用网格建立"命令，在弹出的"封套网格"对话框中设置"行数""列数"均为1，得到如图7-51所示的效果。

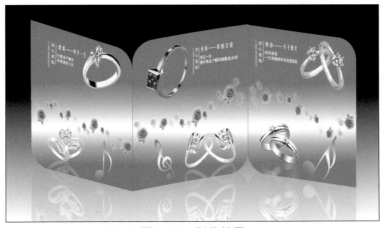

图7-51　制作效果

7.3　知识链接——渐变工具

　　使用"渐变工具" ▩ ，可以调整渐变对象的起点、终点和角度，也可以结合"渐变"面板进行颜色填充。

7.3.1　"渐变"面板

　　如果在当前工作窗口中没有显示"渐变"面板，执行"窗口"|"渐变"命令，可以调出"渐变"面板，如图7-52所示。

　　在该面板中各主要参数的含义如下。

- 类型：用于设置渐变的类型，在其右侧的下拉列表框中有"线性"和"径向"
  两种。

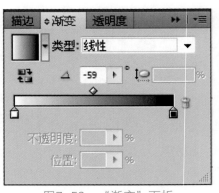

图7-52   "渐变"面板

- 角度：用于设置渐变的角度。
- 位置：用于设置渐变的方向。

在"渐变"面板的底部有一个颜色条，其下方有若干颜色滑块，左侧的滑块代表渐变颜色的起始色，右侧的滑块代表渐变颜色的终止色。默认情况下，Illustrator的渐变效果一般分为两种颜色。也可以设置多种渐变色，只需在"颜色"面板中设置颜色，然后单击颜色条的下方，即可添加一个新的颜色滑块。如果要删除渐变效果中的某一种颜色，只需将该颜色滑块拖出"渐变"面板即可。

7.3.2   编辑渐变

可以在"渐变"面板和"颜色"面板中编辑所需的渐变颜色。

步骤01| 按Ctrl＋N组合键新建一个文件，选择工具箱中的"矩形工具" ▢，移动鼠标指针至当前工作窗口，单击鼠标左键并进行拖动，绘制一个矩形，效果如图7-53所示。

步骤02| 选择工具箱中的"渐变工具" ▣，在"渐变"面板中设置各参数，如图7-54所示。

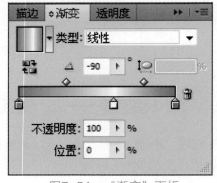

图7-53   绘制矩形

图7-54   "渐变"面板

步骤03| 移动鼠标指针至当前工作窗口，按住Shift键，在绘制的矩形的上方单击鼠标左键并向下拖动出一条直线，如图7-55所示，释放鼠标左键，绘制的矩形图形被渐变填充，效果如图7-56所示。

图7-55   渐变填充时的状态

图7-56   填充渐变色

步骤04| 选择工具箱中的"钢笔工具" ▢，在工具属性栏中设置"填色"为黑色，移动鼠标指

90

针至当前工作窗口，在矩形的左侧单击鼠标左键创建第一点，将鼠标指针移动至另一位置处创建第二点，效果如图7-57所示，依次创建点，绘制一条闭合路径，效果如图7-58所示。

图7-57　绘制路径　　　　　　　　　　图7-58　绘制闭合路径

步骤05| 重复上述步骤，使用"钢笔工具" ⬙ 绘制其他路径，效果如图7-59所示。选择工具箱中的"矩形工具" ▢，在工具属性栏中设置"填色"为炭笔灰、"描边"为黑色、"描边粗细"为1像素，移动鼠标指针至当前工作窗口，单击鼠标左键并进行拖动，绘制一个矩形，效果如图7-60所示。

图7-59　绘制其他路径　　　　　　　　图7-60　绘制矩形

步骤06| 选择工具箱中的"直线段工具" ╲，在工具属性栏中设置"填色"为"无"、"描边"为黑色、"描边粗细"为1像素；移动鼠标指针至当前工作窗口，按住Shift键的同时，单击鼠标左键并进行拖动，绘制一条直线，效果如图7-61所示。

步骤07| 确定所绘制的直线为被选择状态，按住Alt键单击鼠标左键并向右拖动，复制一条直线，效果如图7-62所示。

图7-61　绘制直线　　　　　　　　　　图7-62　复制直线

步骤08| 选择工具箱中的"钢笔工具" ⬙，在工具属性栏中设置"填色"为炭笔灰、"描边"为"无"，移动鼠标指针至当前工作窗口，绘制一个闭合图形，效果如图7-63所示。

步骤09| 执行"文件"|"打开"命令，打开一幅素材图像，如图7-64所示。

图7-63　绘制闭合图形　　　　　　　　图7-64　素材图像

步骤10| 选择工具箱中的"选择工具" ▸，在当前工作窗口中选择打开的素材图像，执行"编辑"|"复制"命令复制选择的图像，确定新建的文件为当前工作文件，执行"编辑"|"粘贴"命令或按Ctrl + V组合键，粘贴复制的图像并调整其大小与位置，效果如图7-65所示。

步骤11| 选择工具箱中的"文字工具" T，在工具属性栏中设置"填色"为黑色、"字体"为"黑体"、"字体大小"为18pt，移动鼠标指针至当前工作窗口，单击鼠标左键，确定文字的插入点，然后输入文字，效果如图7-66所示。

图7-65　复制、粘贴图像　　　　　　　图7-66　输入文字

第8章
灯箱广告设计

　　灯箱广告是户外广告的一种常见形式，对于企业或产品的宣传行之有效，在城市的大街小巷都有它的足迹，如促销活动、品牌推广等。灯箱广告较多出现的地方是车站、地铁站、主要街面的繁华地段。灯箱广告是用灯片材料进行喷绘并将其裱在有机板上，然后通过里面灯光的照射而产生强烈的视觉效果。

本章重点

- ◆ 关于灯箱广告
- ◆ 灯箱广告设计——山峰情怀
- ◆ 知识链接——"素描"滤镜组

效果展示

8.1 关于灯箱广告

灯箱广告（light box advertising）又名"灯箱海报"或"夜明宣传画"。灯箱外框的材质是铝合金或不锈钢，箱面的材质是有机玻璃，内装日光管或霓虹管，画面一般是照相软片。灯箱广告一般被应用于道路、街道两旁，以及影（剧）院、展览（销）会、商业闹市区、车站、机场、码头、公园等公共场所。

8.1.1 灯箱广告的特点

国外称灯箱广告为"半永久"街头艺术。新型的柔性灯箱一改传统灯箱白天效果差、没有图像、文字且字形单调的缺陷，以其逼真的图像，丰富的字形，无论白天黑夜均艳丽的色彩，强烈的质感，显现出特有的装饰效果。以柔性灯箱的制作技术、材料及工艺，不仅可以制作覆盖整个墙面、与建筑物溶于一体的巨型灯箱，还可以制作实物模型，而且几年不变色、易运输、易安装、阻燃、不易磨损。如图8-1所示为某汽车的灯箱广告。

图8-1 灯箱广告

专家提醒

灯箱广告被广泛用于银行、超市、快餐店、加油站等地方，已成为商店门面的一种装饰新形式。

户外灯箱广告区别于其他类型广告的特点如下。

（1）画面大：众多平面媒体广告都可在室内或小范围内传达广告内容，幅面较小。户外灯箱广告通过门头、布告（宣传）栏、立杆灯箱画等形式展示广告内容，比其他平面媒体广告插图大、字体大，也更引人注目。

（2）远视性强：户外灯箱广告是通过自然光（白天）、辅助光（夜晚）两种形式向户外的人们、远距离的人们传递信息。户外灯箱广告的远视效果强烈，有利于现代社会快节奏、高效率、来去匆忙的人们在远距离关注。

（3）内容广：灯箱广告在公共类的交通、运输、安全、福利、储蓄、保险、纳税等方面，在商业类的产品、企业、旅游、服务等方面，在文教类的文化、教育、艺术等方面，均能广泛地发挥作用。

（4）兼具性：户外灯箱广告的展示形式多种多样，文字和色彩兼备，从产品商标、产品名称、实物照片、色彩、企业意图到文化、经济、风俗、信仰、观念无所不含。通过构思和创意，紧紧抓住诱导消费者购买这一"环"，以视觉传达的异质性去达到广告的目的。

（5）固定性：户外灯箱广告无论采用何种形式，都有其在一定范围、位置的固定要求。作为半永久展示装置，其基本结构较其他广告的形式更复杂，包括框架、复面材料、图案印刷层、防风防雨雪构造，以及夜晚作为照明的打光设施，使其单件复制成本高于其他类型的广告。

8.1.2　灯箱广告的构成

有横向和立式的灯箱，还有异型的灯箱，根据特别的需要进行特别的处理。灯箱广告主要由以下几点构成。

（1）框架：大型灯箱的主要构件为钢、塑结构，底座及边框由钢或不锈钢结构焊接而成，图案外罩采用玻璃板、有机玻璃板、灯箱布等。小型门头、杆式、悬挂式灯箱的主要构件为钢或注塑框架，图案外罩多采用玻璃、有机玻璃或透明塑料板。

（2）载体：灯箱的印刷载体按其结构及制作工艺，可采用合成纸、喷绘胶片、自粘性背胶胶片、灯箱画布等材料。

（3）设施：灯箱的辅助光依据其图案画面的结构、承印材料、印刷墨层的厚度、图案的幅面等进行打光设计。以前多采用普通荧光灯，随着新型灯具的应用，灯箱的辅助光也从单一的打光方式发展为多类型的打光方式，由此产生的画面质量及均匀性、柔和度都有了较大的提高。

8.1.3　灯箱广告的工艺要求

灯箱图案的印刷色彩在视觉传达上优于图形和文稿，各要素能否真实地再现广告设计师的意图，起到视觉传达的最佳效果，是通过各种印刷方式来实现的。灯箱彩色图案的复制原理是基于阶调进行复制，为了满足印刷工艺的要求，过去多采用网屏、照相加网，电子分色加网的方法，把连续调原稿的图像分解成类似于马赛克形状，人眼在观察距离上不能分辨的、不同密度级的像素网点，在人眼的观察距离上达到连续调的视觉效果。

无论采用哪一种印刷工艺，原稿的层次和清晰度都应在印刷品上尽可能有效地复制出来。对于原稿线条的复制并不困难，而复制原稿阶调则要困难得多。原稿上的图像要通过照相加网或电子分色加网的方法转变成由网点组成的、有明暗深浅层次的图像，看上去和原稿一样。选择原稿时要重点考虑颜色、色调值、结构、色饱和度、形态五个方面的因素。

彩色阶调复制的关键在于分色加网，而分色加网基于以下六个因素。

（1）承印材料的表面性质（平滑度、粗糙度、纹理结构、吸收性）。

（2）印品的尺寸及观察距离。

（3）原稿的反差范围及细微层次的作用。

（4）印刷油墨（颜料的颗粒大小、粘度、干燥特性）。

（5）色彩强度和耐光性。

（6）印刷速度。

8.1.4 灯箱广告的设计特点

随着超薄滚动灯箱的出现，灯箱可以突破户外广告的限制，进入室内广告市场，挂在墙壁上的超薄滚动灯箱已在各大超市、卖场亮相，这些优势及特点确保了灯箱广告在市场上立于不败之地。灯箱广告的设计特点主要有以下几点。

（1）独特性：灯箱广告的对象是动态中的行人，行人通过可视的广告形象来接受商品信息，在空旷的大广场和马路的人行道上，受众在10米以外的距离观看高于头部5米的物体比较方便。因此，设计的第一步要根据距离、视角、环境三个因素来确定广告的位置及大小。常见的户外灯箱广告一般为长方形、方形，在设计时要根据具体环境而定，使灯箱广告的外形与背景相协调以产生视觉美感。形状不必强求统一，可以多样化，大小也应根据实际空间的大小与环境情况而定。例如，意大利的路牌不是很大，与其古老的街道相协调。灯箱广告要着重创造良好的注视效果，因为广告成功的基础来自注视的接触程度。

（2）提示性：既然受众是流动着的行人，那么在设计中就要考虑到受众经过广告的位置和时间。繁琐的画面，是行人不愿意接受的，只有以简洁的画面和揭示性的形式出奇制胜地引起行人的注意，才能吸引其观看广告。灯箱广告的设计要注重提示性，图文并茂，以图像为主导、文字为辅助，使用文字要简单、明快，切忌冗长。

（3）简洁性：简洁性是灯箱广告设计中的一个重要特质，整个画面乃至整个设施都应尽可能简洁，设计时要独具匠心，始终坚持少而精的原则，力图给受众留有充分的想象空间。要知道受众对广告宣传的注意度与画面上信息量的多少成反比。画面越繁杂，给受众的感觉越紊乱；画面越单纯，受众的注意度也就越高。这正是简洁性的效用。

（4）计划性：成功的灯箱广告必须同其他广告一样有严密的计划。广告设计师没有一定的目标和广告战略，广告设计便失去了指导方向。设计师在进行广告创意时，首先要进行市场调查、分析、预测等活动，在此基础上确定广告的图形、语言、色彩、对象、宣传层面和营销战略。广告一经发布于社会，不仅要在经济上起到先导作用，同时也要作用于意识领域，对现实生活起到潜移默化的作用。因此，设计师必须对自己的工作负责，使作品具有积极向上的意义。

（5）合理的图形与文案设计：图形最能吸引人们的注意力，因此，图形设计在灯箱广告设计中尤其重要，应当遵循图形设计的美学原则。图形可被分为广告图形与产品图形两种。广告图形是指与广告主题相关的图形（如人物、动物、植物、器具、环境等），产品图形则是指要推销和介绍的产品的图形，为的是重现产品的面貌风采，使受众看清楚它的外形、内在功能及特点。在进行图形设计时还要力求简洁、醒目。图形一般应被放在视觉中心的位置，这样能有效地抓住受众的视线，引导他们进一步阅读广告文案并激发共鸣。除了图形设计以外，灯箱广告还要配以生动的文案设计，这样才能体现出灯箱广告的真实性、传播性、说服性和鼓动性。广告文案在灯箱广告中的地位十分显著，好的文案能起到画龙点睛的作用。它的设计完全不同于报纸、杂志等媒体广告，因为人们在流动状态中不可能有更多时间阅读，所以灯箱广告的文案力求简洁、有力，一般都是以一句话（主题语）醒目地提醒受众，再附以简短、有爆发力的随文说明。主题语设计一般不要超过十个字，以七八字为佳，否则阅读效果会相对降低。一般文案内容分为标题、正文、广告语、随文等几个部分，要尽力做到言简意赅、以一当十、惜字如金、反复推敲、易读易记、风趣幽默、有号召力，这样才能使灯箱广告富有感染力和生命力。

8.2 灯箱广告设计——山峰情怀

本案例设计的是某城市旅游公司的一款山峰情怀的灯箱广告，效果如图8-2所示。

图8-2　灯箱广告

8.2.1　制作背景图形

制作山峰情怀灯箱广告背景图形的具体步骤如下。

步骤01 按Ctrl＋N组合键，新建一个名为"山峰情怀"的CMYK模式的图像文件，设置"宽度"为32cm、"高度"为15cm，单击"确定"按钮。

步骤02 选择工具箱中的"矩形工具" ▢ ，在工具属性栏中设置"填色"为白色、"描边"为"无"，在当前工作窗口中单击鼠标左键并进行拖动，绘制一个矩形，效果如图8-3所示。

步骤03 使用与上面同样的方法，绘制一个黑色的矩形，效果如图8-4所示。

图8-3　绘制并填充矩形

图8-4　绘制矩形

步骤04| 执行"文件"|"打开"命令，打开一幅素材图像，如图8-5所示。

步骤05| 将素材图像复制、粘贴至当前工作窗口中，调整图像的位置和大小，效果如图8-6所示。

图8-5　素材图像

图8-6　复制、粘贴并调整图像

步骤06| 保持素材图像为被选择状态，执行"效果"|"素描"|"水彩画纸"命令，弹出"水彩画纸"对话框，单击"确定"按钮，应用"水彩画纸"滤镜，效果如图8-7所示。

步骤07| 将素材图像置于白色矩形的下方，效果如图8-8所示。

图8-7　应用"水彩画纸"滤镜

图8-8　调整图层的叠放顺序

第8章　灯箱广告设计

步骤08| 运用"选择工具" 依次选择绘制的白色矩形和素材图像,单击鼠标右键,在弹出的快捷菜单中选择"建立剪切蒙版"命令,如图8-9所示。

步骤09| 执行操作后,即可创建剪切蒙版,效果如图8-10所示。

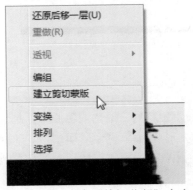

图8-9 选择"建立剪切蒙版"命令

图8-10 创建剪切蒙版

8.2.2 制作图形效果

制作山峰情怀灯箱广告图形效果的具体步骤如下。

步骤01| 执行"文件"|"打开"命令,打开一幅素材图形,如图8-11所示。

步骤02| 将打开的素材图形复制、粘贴到当前工作窗口中,调整图形的位置和大小,效果如图8-12所示。

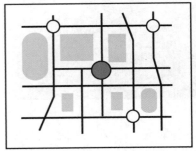

图8-11 素材图形

图8-12 复制、粘贴并调整图形

步骤03| 执行"文件"|"打开"命令,打开一幅素材图像,如图8-13所示。

步骤04| 将打开的素材图像复制、粘贴至当前工作窗口中,调整图像的位置和大小,如图8-14所示。

图8-13 素材图像

图8-14 复制、粘贴并调整图像

步骤05| 在素材图像的前面绘制一个矩形,效果如图8-15所示。

步骤06| 运用 "选择工具"  依次选择绘制的矩形和素材图像,单击鼠标右键,在弹出的快捷菜单中选择 "建立剪切蒙版" 命令,如图8-16所示。

图8-15　绘制矩形

图8-16　选择 "建立剪切蒙版" 命令

步骤07| 执行操作后,即可创建剪切蒙版,效果如图8-17所示。

步骤08| 选择工具箱中的 "矩形工具" ,绘制一个矩形,设置 "描边" 为黑色、"描边粗细" 为0.706mm,效果如图8-18所示。

图8-17　创建剪切蒙版

图8-18　绘制效果

步骤09| 运用工具箱中的 "矩形工具" ,绘制一个正方形,效果如图8-19所示。

步骤10| 设置正方形的 "填色" 为黑色、"描边" 为 "无",效果如图8-20所示。

图8-19　绘制矩形

图8-20　设置属性后的效果

技巧点拨

　　在绘制矩形时,按住Shift键可以绘制正方形;按住Alt＋Shift组合键将以鼠标单击点为中心点向四周延伸,绘制一个正方形。

步骤11| 运用 "矩形工具" 绘制另一个正方形,设置 "填色" 为 "无"、"描边" 为黑色、"描边粗细" 为0.706mm,效果如图8-21所示。

步骤12| 将绘制的正方形进行复制、粘贴,效果如图8-22所示。

图8-21 绘制效果

图8-22 复制、粘贴正方形

8.2.3 制作文字内容

制作山峰情怀灯箱广告文字内容的具体步骤如下。

步骤01| 选择工具箱中的"文字工具" T，在当前工作窗口中的合适位置输入文字"山"，设置"字体"为"黑体"、"字体大小"为72pt、"填色"为白色，效果如图8-23所示。

步骤02| 运用"文字工具" T，输入文字"峰"，设置"字体"为"黑体"、"字体大小"为55pt，如图8-24所示。

图8-23 输入并设置文字

图8-24 输入并设置文字

步骤03| 使用与上面同样的方法，输入并设置另外两个单独的文字，效果如图8-25所示。

步骤04| 设置"字体"为"宋体"、"字体大小"为18pt、"填色"为白色，输入其他文本，效果如图8-26所示。

图8-25 输入并设置文字

图8-26 输入并设置其他文本

步骤05| 执行"文件"|"打开"命令，打开一幅素材图像，如图8-27所示。

步骤06| 选择打开的素材图像，执行"编辑"|"复制"命令复制选择的图像，确认"山峰情怀"文件为当前工作文件，执行"编辑"|"粘贴"命令粘贴复制的图像，按Shift + Ctrl + [组合键将图像置于最底层，调整其位置和大小，效果如图8-28所示。

图8-27 素材图像

图8-28 最终效果

如果要调整同一图层中不同对象的前后排列关系，可首先使用工具箱中的选择类工具在当前工作窗口中选择该对象，然后执行"对象"|"排列"命令，在弹出的子菜单中选择相应的命令，如图8-29所示，完成图形排列顺序的调整。

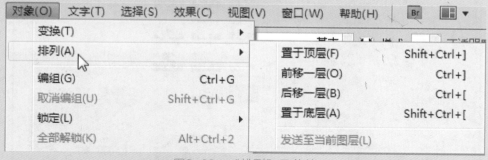

图8-29 "排列"子菜单

该子菜单中主要命令的含义如下。

- 置于顶层：用于将选择的对象置于同一图层中的最顶层。
- 前移一层：用于将选择的对象向前移动一层。
- 后移一层：用于将选择的对象向后移动一层。
- 置于底层：用于将选择的对象置于同一图层中的最底层。
- 发送至当前图层：用于将选择的对象剪切并粘贴至当前图层中。

在Illustrator中，可以使用"对象"|"排列"命令下面的子菜单命令进行对象顺序的排列。运用选择类工具在当前工作窗口中选择某一对象后，在窗口中的任意位置单击鼠标右键，在弹出的快捷菜单中选择"排列"命令，此时将弹出其下拉子菜单，在该子菜单中选择相应的命令即可进行对象顺序的排列。

8.3 知识链接——"素描"滤镜组

使用"素描"滤镜组中的滤镜，可以用当前设置的描边和填色属性来置换图像中的色彩，从而生成一种更为精确的图像效果。

8.3.1 "便条纸"滤镜

使用"便条纸"滤镜可以简化图像效果，使图像中的深色区域凹陷下去，而浅色区域凸现出来，从而产生一种类似于浮雕的效果。

在当前工作窗口中选择一幅位图图像，执行"效果"|"素描"|"便条纸"命令，弹出"便条纸"对话框，如图8-30所示。

该对话框中主要参数的含义如下。

- 图像平衡：用于调整图像中高光区域与阴影区域的平衡。
- 粒度：用于设置图像生成颗粒的大小。
- 凸现：用于设置图像中凸出部分的起伏程度。

第8章 灯箱广告设计

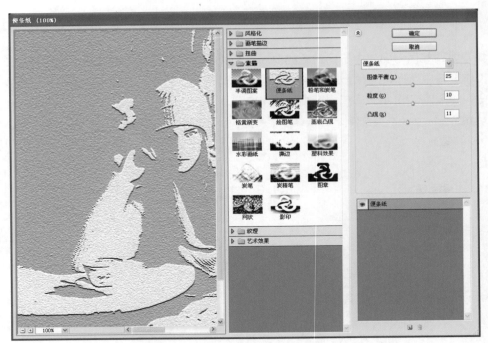

图8-30 "便条纸"对话框

8.3.2 "撕边"滤镜

使用"撕边"滤镜，可以用粗糙的颜色边缘模拟碎纸片的效果。在当前工作窗口中选择一幅位图图像，执行"效果"|"素描"|"撕边"命令，弹出"撕边"对话框，如图8-31所示。

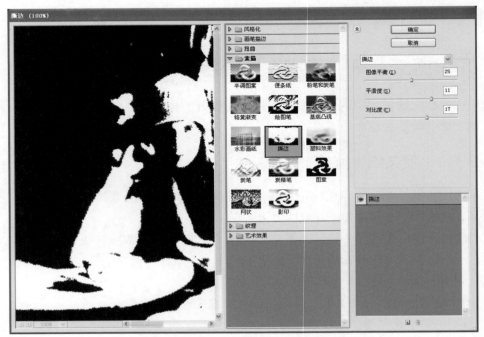

图8-31 "撕边"对话框

该对话框中主要参数的含义如下。

- 图像平衡：用于设置前景色与背景色之间的平衡程度。
- 平滑度：用于设置图像的平滑程度。
- 对比度：用于设置前景色与背景色之间的对比度。

8.3.3 "水彩画纸"滤镜

使用"水彩画纸"滤镜，可以使图像产生在潮湿的纤维上颜色溢出并与纸张混合的图像效果。在当前工作窗口中选择一幅位图图像，执行"效果"|"素描"|"水彩画纸"命令，弹出"水彩画纸"对话框，如图8-32所示。

图8-32 "水彩画纸"对话框

该对话框中主要参数的含义如下。

- 纤维长度：用于设置图像的扩散程度。
- 亮度：用于设置图像的亮度。
- 对比度：用于设置图像的对比度。

第9章
网络广告设计

　　网络广告的传播不受时间和空间的限制，互联网将广告信息24小时不间断地传播到世界各地。只要具备上网条件，任何人在任何地点都可以看到这些信息，这是其他媒体广告所无法实现的。

 本章重点

- ◆ 关于网络广告
- ◆ 网络广告设计——促销活动
- ◆ 知识链接——复制、剪切和粘贴

效果展示

9.1 关于网络广告

网络广告是在网络中做的广告，是通过网络广告投放平台，利用网站上的广告横幅、文本链接、多媒体等方法，在互联网中刊登或发布广告，并通过网络传递到互联网用户的一种高科技广告运作方式。与传统的四大传播媒体（报纸、杂志、电视、广播）广告及近来备受青睐的灯箱广告相比，网络广告具有得天独厚的优势，是实施现代营销媒体战略的重要部分。

9.1.1 网络广告的概念

网络广告（Web Ad）是一种新兴的广告形式，是确定的广告商以付费方式运用互联网媒体对公众进行劝说的一种信息传播活动。简言之，"网络广告"是指利用互联网这种载体，通过图文或多媒体方式发布的赢利性商业广告，是在网络中发布的有偿信息传播。如图9-1所示为网络广告。

图9-1　网络广告

网络广告是主要的网络营销方法之一，在网络营销方法体系中具有举足轻重的地位。事实上，多种网络营销方法也都可以被理解为网络广告的具体表现形式，并不仅仅局限于放置在网页上的各种规格的Banner广告，其他如电子邮件广告、搜索引擎关键词广告、搜索固定排名等都可以被理解为网络广告的表现形式。

9.1.2 网络广告的分类

网络广告的本质是向互联网用户传递营销信息的一种手段，是对用户注意力资源的合理利用。互联网是一个全新的广告媒体，速度快，效果理想，是中小型企业扩展、壮大的良好途径，对于广泛开展国际业务的企业更是如此。如图9-2所示为饮料的网络广告。

图9-2　网络广告

1. 按计费分

（1）按展示计费。

CPM广告（Cost per mille/Cost per Thousand Impressions）：每千次印象费用，广告条每显示1000次（印象）的费用。CPM是最常用的网络广告定价模式之一。

CPTM广告（Cost per Targeted Thousand Impressions)：经过定位的用户的千次印象费用（如根据人口统计信息定位）。

CPTM与CPM的区别在于，CPM是所有用户的印象数，而CPTM只是经过定位的用户的印象数。

（2）按行动计费。

CPC广告（Cost-per-Click）：每次点击的费用，根据广告被点击的次数收费，如关键词广告一般采用这种定价模式。

PPC广告（Pay-per-Click）：是根据点击广告或者电子邮件信息的用户数量来付费的一种网络广告定价模式。

CPA广告（Cost-per-Action)：根据每个访问者对网络广告所采取的行动收费的定价模式。对于用户行动有特别的定义，包括形成一次交易、获得一个注册用户或者对网络广告的一次点击等。

CPL广告（Cost for per Lead）：按注册成功支付佣金。

PPL广告（Pay-per-Lead）：指每次通过网络广告产生的引导付费的定价模式。

（3）按销售计费。

CPO广告（Cost-per-Order)：也被称为"Cost-per-Transaction"，即根据每个订单/每次交易来收费的方式。

CPS广告（Cost for per Sale）：以实际销售产品数量来换算广告刊登的金额。

PPS广告（Pay-per-Sale）：根据网络广告所产生的直接销售数量而付费的一种定价模式。

2. 按形式分

（1）横幅广告：横幅广告又被称为"旗帜广告"（Banner），是以GIF、JPG、SWF

等格式建立的图像文件，在网页中大多被用来表现广告内容，一般位于网页的最上方或中部，用户的注意程度比较高；还可使用Java等语言使其产生交互性，用Shockwave等插件工具增强其表现力，是经典的网络广告形式。

（2）竖幅广告：位于网页的两侧，面积较大、幅面较狭窄，能够展示较多的广告内容。

（3）文本链接广告：文本链接广告是以一排文字为一个广告，点击链接可以进入相应的广告页面。这是一种对浏览者干扰较少但却较为有效的网络广告形式。有时候，最简单的广告形式效果反而最好。

（4）电子邮件广告：电子邮件广告具有针对性强（除非肆意滥发)、费用低廉的特点，且广告内容不受限制。它可以针对具体某一个人发送特定的广告，这一点为其他网络广告方式所不及。

（5）按钮广告：按钮广告一般位于网页的两侧，根据页面设置有不同的规格，动态展示客户要求的各种广告效果。

（6）浮动广告：浮动广告在网页中随机或按照特定路径飞行。

（7）插播式广告（弹出式广告）：访问者在请求登录网页时强制插入一个广告页面或弹出广告窗口，有点类似电视广告，都是打断正常节目的播放而强迫观看。插播式广告有各种尺寸，有全屏的，也有小窗口的，互动程度各不相同，从静态到动态都有。

（8）富媒体：一般指使用浏览器插件或其他脚本语言、Java语言等编写的具有复杂视觉效果和交互功能的网络广告。这些效果的使用是否有效，一方面取决于站点的服务器端的设置，另一方面取决于访问者的浏览器是否能查看。一般来说，富媒体能表现更多、更精彩的广告内容。

（9）其他新型广告：视频广告、路演广告、巨幅连播广告、翻页广告、祝贺广告、论坛版块广告等。

（10）EDM直投：通过EDMSOFT、EDMSYS向目标客户定向投放对方感兴趣或者需要的广告及促销内容，以及派发礼品、调查问卷，并及时获得目标客户的反馈信息。

（11）定向广告：可按照人口统计特征，针对指定年龄、性别、浏览习惯等的受众投放广告，为广告商找到精确的受众群。

（12）旗帜广告：旗帜广告是目前网络广告中最为常见的一种形式。它通常是一个大小为468×60像素的照片，通过广告语和其他内容表现广告主题，也可用Java Flash等技术做成动画的形式。

专家提醒

网络广告的辅助工具就是人们常说的营销软件，是以软件的形式模拟手工发布广告。市场上这类软件比较多，要选择一款效果显著的软件应根据企业的需求。网络平台很多，网络用户很分散，发布网络广告的企业也日益增多，竞争十分激烈。要想有显著的效果，就要在多个平台上进行发布，做多方位的网络广告，而能够实现多方位营销的软件则更有效率。

9.1.3 网络广告的特点

与电视、报刊、广播三大传统媒体或各类户外媒体、杂志、直邮、黄页相比，网络媒体集以上各种媒体之大成，具有得天独厚的优势。随着网络的高速发展及完善，网络广告日渐融入现代社会的工作和生活中。对于现代营销来说，网络媒体是重要的媒体战略组成部分。如图9-3所示为汽车的网络广告。

图9-3　网络广告

网络广告的主要特点有以下几点。

（1）受众范围广：网络广告不受时空的限制，传播范围极其广泛。通过互联网24小时不间断地把广告信息传播到世界各地。只要具备上网条件，任何人在任何地点都可以随时随意浏览广告信息。

（2）交互性强：交互性是互联网媒体的最大优势，它不同于其他媒体的信息单向传播，而是信息互动传播。在网络中当受众获取他们认为有用的信息时，广告商也可以随时得到宝贵的受众信息的反馈。由于点阅信息者即为感兴趣者，因此可以直接命中目标受众，并可以为不同的受众推送不同的广告内容。

（3）纵深性：通过链接，用户只需简单地点击鼠标，就可以从广告商的相关站点中得到更多、更详尽的信息。另外，用户可以通过广告位直接填写并提交在线表单信息，使广告商可以随时得到宝贵的用户反馈信息，进一步减少了用户和广告商之间的距离。同时，网络广告可以提供进一步的产品查询需求。

（4）受众数量统计精确：利用传统媒体投放广告，很难精确地了解有多少人接受到广告信息，而在互联网中可通过权威、公正的访问者流量统计系统，精确地统计出每个广告的受众数，以及这些受众的查阅时间和地域分布。这样借助分析工具，成效易于体现，受众群体清晰、易辨，广告行为的收益也能准确地计量，有助于广告商正确地评估广告效果，制订广告的投放策略。

（5）实时、灵活、成本低：在传统媒体上投放广告，发布后很难更改，即使可改动也往往要付出很大的经济代价。而在互联网中投放广告，能按照需要及时变更广告内容，包括改正错误，这就使得经营决策的变化可以及时地实施和推广。作为新兴的媒体，网络媒体的收费也远低于传统媒体，若能直接利用网络广告进行产品销售，则可节省更多销售成本。另外，网络广告的制作周期短，即使在较短的周期内进行投放，也可以根据广告商的需求很快完成制作，而传统广告的制作成本高，投放周期固定。

（6）感官性强：网络广告的载体基本上是多媒体、超文本格式文件，可以使受众亲身体验产品、服务与品牌魅力。

（7）多维广告形式：传统媒体上的广告是二维的，而网络广告则是多维的，它能将文字、图像和声音有机地组合在一起，传递多感官的信息，让受众如身临其境般感受到产品或服务。这种图、文、声、像相结合的广告形式，大大增强网络广告的实效。

（8）极具活力的消费群体：70.54%的互联网用户集中在经济较为发达地区，64%的互联网用户家庭人均月收入高于1 000元，85.8%的互联网用户年龄在18～35岁之间，83%的互联网用户受过大学以上教育。因此，网络广告的目标群体是目前社会上层次较高、收入较高、消费能力较高的极具活力的消费群体。这一群体的消费总额往往大于其他消费群体之和。

（9）完善的统计："无法衡量的东西就无法管理"，网络广告通过及时和精确的统计机制，使广告商能够直接对广告的发布进行在线监控；而传统的广告形式只能通过并不精确的收视率、发行量等来统计投放的受众数量。通过监视广告的浏览量、点击率等指标，广告商可以统计出多少人看到了广告，其中又有多少人对广告感兴趣并进一步了解了广告的详细信息。因此，较之其他广告，网络广告使广告商能够更好地跟踪广告受众的反应，及时了解用户和潜在用户的情况。

（10）针对性：通过提供众多免费服务，网站一般都能建立起完整的用户数据库，包括用户的地域分布、年龄、性别、收入、职业、婚姻状况、爱好等。这些资料可帮助广告商分析市场与受众，根据广告目标受众的特点有针对性地投放广告，并根据用户特点进行定点投放和跟踪分析，对广告效果做出客观、准确的评价。另外，网络广告还可以提供有针对性的内容环境。不同的网站或者是同一网站不同的频道所提供的服务是不同质且具有很大区别的，这就为密切地迎合广告目标受众的兴趣提供了可能。

（11）受众关注度高：据资料显示，电视节目并不能集中人的注意力，电视观众中40%同时在阅读，21%同时在做家务，13%在吃喝，12%在玩赏他物，10%在烹饪，9%在写作，8%在打电话；而网络用户中55%在使用计算机时不做任何其他事，只有6%同时在打电话，5%在吃喝，4%在写作。

（12）缩短了媒体投放的进程：广告商在传统媒体上进行市场推广一般要经过三个阶段，即市场开发期、市场巩固期和市场维持期。在这三个阶段中，广告商首先要获取注意力，创立品牌知名度，在受众获得品牌的初步信息后推广更为详细的产品信息；然后建立和受众之间较为牢固的联系，以建立品牌忠诚度。互联网将这三个阶段合并在一次广告投放中实现，即受众看到网络广告，点击后获得详细信息，填写用户资料或直接参与广告商的市场活动，甚至直接在网上实施购买行为。

（13）可重复性和可检索性：网络广告可以在将文字、声音、画面完美结合后供用户主动检索、重复观看。与之相比，电视广告却是让广告受众被动地接受广告内容。如果错过了广告时间，就不能再得到广告信息。另外，显而易见，较之网络广告，平面广告的检索要费时、费事得多。

（14）价格优势：从价格方面考虑，与报纸、杂志或电视广告相比，网络广告的费用还是较为低廉的。在获得同等广告效应的前提下，网络广告的有效千人成本远远低于传统媒体广告。一个广告主页一年的费用大致为几千元人民币，而且主页内容可以随企业经营决策的变更随时改变，这是传统媒体广告所不可想象的。

9.2 网络广告设计——促销活动

本案例设计的是一则促销活动的网络广告，效果如图9-4所示。

图9-4 网络广告

9.2.1 制作背景图形

制作促销活动网络广告背景图形的具体操作步骤如下。

步骤01 按Ctrl + N组合键，新建一个名为"促销活动"的CMYK模式的图像文件，设置"宽度"为35cm，"高度"为20cm，如图9-5所示，单击"确定"按钮。

步骤02 按Ctrl + O组合键，打开一幅素材图像，选择打开的素材图像，按Ctrl + C组合键复制选择的图像，确认"促销活动"文件为当前工作文件，按Ctrl + V组合键粘贴选择的图像，如图9-6所示。

图9-5 新建文件

图9-6 复制、粘贴图像

步骤03 按Ctrl + O组合键，打开两幅素材图像，按Ctrl + C组合键复制打开的素材图像，确认"促销活动"文件为当前工作文件，按Ctrl + V组合键粘贴选择的图像，如图9-7所示。

步骤04 调整其中玩具图像的大小和位置，效果如图9-8所示。

图9-7 复制、粘贴图像

图9-8 调整效果

9.2.2　制作文字效果

制作促销活动网络广告文字效果的具体操作步骤如下。

步骤01| 选择工具箱中的"文字工具" T，设置"字体"为"方正粗谭黑简体"、"字体大小"为100pt、"填色"为白色，如图9-9所示。

步骤02| 将鼠标指针移动至当前工作窗口中单击鼠标左键，输入文字"约 惠 六一而来"，如图9-10所示。

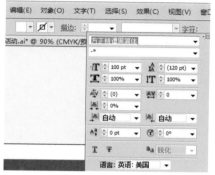

图9-9　设置文字属性

图9-10　输入文字

步骤03| 选择工具箱中的"选择工具" ，将当前工作窗口中的对象移动至合适位置，效果如图9-11所示。

步骤04| 选择"惠"文字，在工具属性栏中设置"填色"为黄色（CMYK的参考值为0、0、100、0），效果如图9-12所示。

图9-11　移动对象

图9-12　设置文字颜色

9.3　知识链接——复制、剪切和粘贴

利用复制、剪切和粘贴功能，可以在一个软件中进行操作，也可以在各软件间进行操作，这样既减少了制作同一个对象所花费的重复时间，也提高了用户的工作效率。"复制与粘贴"是指将对象从一个位置复制到另一个位置，原来的对象仍在；而"剪切与粘贴"是指将对象从一个位置移至另一个位置。下面分别对其进行介绍。

9.3.1　复制与粘贴

对对象进行复制、粘贴的具体操作步骤如下。

步骤01| 执行"文件"|"打开"命令，打开一幅素材图像，选择工具箱中的"选择工具" ，选择打开的素材图像，如图9-13所示。

步骤02| 执行"编辑"|"复制"命令复制图像，然后执行"编辑"|"粘贴"命令，将复制的图像进行粘贴，并调整图像的位置，效果如图9-14所示。

图9-13　打开并选择素材图像　　　　图9-14　复制、粘贴图像并调整位置

9.3.2　剪切与粘贴

在不同的文件中对对象进行剪切与粘贴，具体操作步骤如下。

步骤01| 执行"文件"|"打开"命令，打开两幅素材图像，选择工具箱中的"选择工具" ，在其中一个工作窗口中选择打开的素材图像，如图9-15所示。

步骤02| 执行"编辑"|"剪切"命令剪切选择的图像，切换至第二幅素材图像的工作窗口中，执行"编辑"|"粘贴"命令，即可将剪切的图像进行粘贴，效果如图9-16所示。

图9-15　素材图像　　　　　　　图9-16　剪切并粘贴图像

专家提醒

只要进行了复制或剪切操作，就可以执行多次粘贴操作，不仅可以在同一文件中进行复制、剪切和粘贴，也可以在不同文件及不同软件中进行复制、剪切和粘贴。复制、剪切与粘贴的快捷键分别是Ctrl＋C、Ctrl＋X与Ctrl＋V组合键。

第10章
网页版式设计

网页版式设计是一种版面布局设计。通过网页版式设计，可以使用户更好地获取互联网中的信息，并进行信息交流。如何将所要表现的内容进行有机的整合与分布，以达到某种视觉效果，可以彰显设计师的职业素养与品位。

 本章重点

◆ 关于网页版式
◆ 网页版式设计——婚礼摄影网
◆ 知识链接——"比例缩放"对话框

效果展示

10.1 关于网页版式

如今的网站已经不仅仅是人们查询资料的工具，而是融合了多种功能于一身，可以提供人们学习、生活、工作及娱乐等信息的重要途径，因此，人们对网站的要求也与日俱增。对网页版式的要求不仅仅在于其是否美观，还要强调人们的适用习惯和其心理引导作用。

10.1.1 网页的基本组成元素

在制作网站前，首先确定网页的内容。一个网页通常由文本、图片、超链接及表单等元素组成，组成网页的常用元素如图10-1所示。

图10-1 网页版式

1. 文本

文本是网页中最基本的元素，也是网页的主体，规划合理、美观的文本能带给用户清新的感觉，如图10-2所示。

图10-2 网页中的文本

文本的添加方式既可以是手工逐字逐句地输入，也可以是把其他应用软件中的文本直接粘贴到网页的编辑窗口中。需要仔细地考虑文本的大小、颜色及其他样式，然后再配以精美的图片，这样才能创造出精美的页面效果。网页中的文本样式繁多、风格不一，吸引用户的网页通常都具有美观的文本样式。

2. 图片

网页之所以丰富多彩，是因为有了图片，可见图片在网页中的重要性。在网页中既可以通过图片的形式表达主题，也可以通过图片对网页进行装饰。图片在网页中的作用是无可替代的，一幅精美适合的图片，往往可以胜过数篇洋洋洒洒的文字，如图10-3所示。另外，绝大多数网站还需要有一个Logo，如图10-4所示。Logo是一种视觉化的信息表达方式，是具有一定含义并能够使人理解的视觉图形，有简洁、明确及一目了然的视觉传递效果。

图10-3　广告图片

图10-4　网站Logo

3. 动画

一个引人注目的网站，仅有文字和图片是远远不够的，这样很难吸引用户的目光。适当地添加一些精美的网络动画，不仅可以为网页效果锦上添花，还可以使展示的内容栩栩如生。如图10-5所示为使用Flash制作的网页小游戏。

动画是网页上最活跃的元素，通常制作优秀、创意出众的动画是吸引用户的最有效的手段。网页中的Banner可以采用动画形式，如图10-6所示。

图10-5　Flash网页小游戏

图10-6　Banner

4. 表格

表格是网页排版的灵魂，使用表格排版是现在网页的主要制作形式，如图10-7所示，通过表格可以精确地控制各元素在网页中的位置。这里提到的"表格"并非指网页中直观意义上的表格，范围要更广一些。表格是一种HTML语言中的元素，主要被用于排列网页内容，组织整个网页的外观。通过在表格中放置相应的图片或其他内容，可有效地构建符合设计效果的页面。有了表格的存在，网页中的元素才得以被方便地固定在设计的位置上。

一般表格的边线不在网页中显示。

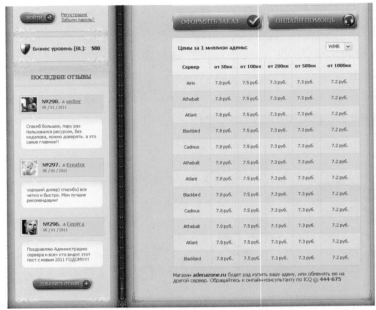

图10-7　网页中的表格

专家提醒

　　表格由一行或多行单元格组成，用于显示数字和其他项以便快速引用和分析。当表格被用于工作、学习及生活等方面时，能很好地发挥它的作用，以清晰、简明地表达所要表达的内容。在网页设计中，表格是页面布局重要的组成部分。

5. 超链接

　　超链接是网站的灵魂，是从一个网页指向一个目的端的链接。这个目的端可以是另一个网页，也可以是一幅图片，一个电子邮件地址，一个文件，一个程序，还可以是相同网页中的其他位置。超链接可以是文本或者图片，如图10-8所示，其中既有文本链接又有图片链接，还可以通过导航栏进行超链接。

图10-8　网页中的超链接

网页中的超链接一般分为以下三种。

（1）绝对URL的超链接：URL（Uniform Resource Locator）是统一资源定位符，简单地讲，就是网络中的一个站点、一个网页的完整路径。

（2）相对URL的超链接：例如，将自己网页中的某一段文字或某一个标题链接到同一网站的其他网页中去。

（3）同一网页的超链接：这种超链接又被称为"书签"。

6. 表单

表单是被用来收集站点用户信息的域集。站点用户填写表单的方式是输入文本，单击单选按钮或勾选复选框，以及从下拉菜单中选择选项。在填写好表单后，站点用户便送出所输入的数据，该数据会根据所设置的表单处理程序以各种不同的方式进行处理。下面的搜索框就是一个很典型的文本框表单，如图10-9所示。

图10-9　网页中的表单

表单在网页中主要负责数据采集，一个表单有以下三个基本组成部分。

（1）表单标签：包括处理表单数据所用CGI程序的URL和将数据提交到服务器的方法。

（2）表单域：包括文本框、密码框、隐藏域、多行文本框、复选框、单选按钮、下拉列表框和文件上传框等。

（3）表单按钮：包括提交按钮、复位按钮和一般按钮，用于将数据传送到服务器上的CGI脚本或者取消输入，还可以用表单按钮来控制其他定义了处理脚本的处理工作。

10.1.2　网页版式的设计原则

网页版式既要从外观上进行创意设计以达到吸引眼球的目的，还要结合图形和版面设计的相关原理，使其变成一门独特的艺术。通常来讲，网页版式的设计应遵循以下几个基本原则。

1. 用户导向

设计网页时首先要明确使用网页的人群，站在用户的角度和立场上来考虑网页版式的设计。要做到这一点，必须和用户沟通，了解他们的需求、目标、期望和偏好等。

2. KISS

"KISS"就是"Keep It Simple and Stupid"的缩写。简洁和易于操作，是网页设计的重要原则。网页的建设要方便普通用户查阅信息和使用网络服务，为了减少用户操作上的麻烦，使其操作流畅，一般在设计网页时要尽量做到简洁，并且有明确的操作提示。

3. 布局控制

如果网站布局凌乱，把大量的信息简单地集合在页面中，就会干扰用户的阅读。在进行网页设计时一般需要注意以下两点。

（1）Miller公式。

心理学家George A. Miller的研究表明，人一次性接受的信息量在7bit左右为宜。总结成一个公式为：一个人一次所接受的信息量为（7±2）bit。这一原理被广泛应用于网站的建设中，一般网页上面的栏目最佳选择在5~9个之间。

（2）分组处理。

上面提到，对于信息的分类，不能超过9个栏目。但如果内容实在多，超出了9个，就需要进行分组处理。

4. 视觉平衡

在设计网页时，需要运用各种元素来达到视觉冲击的目的。根据视觉原理，与文字相比较，图形的视觉冲击力更大。因此，为了取得视觉平衡，在设计网页时需要以更多的文字来平衡一幅图片。另外，人们的阅读习惯是从左到右、从上到下，视觉平衡也要遵循这一原理。

5. 颜色的搭配和文字的可阅读性

颜色是影响网页的重要因素，不同的颜色给人的感觉也不同。通常情况下，一个网页版式尽量不要使用超过四种颜色的设计，太多的颜色容易让人感觉没有方向感和侧重点。当主题色确定好以后，在考虑其他配色时，一定要注意其他配色与主题色的关系，以及最终要体现什么样的效果。另外，还要考虑哪种因素可能占主要地位，是明度、纯度还是色相。

为了方便阅读网页中的信息，可以参考报纸的编排方式，将网页的内容进行分栏设计。

6. 和谐与一致性

网页版式中的各元素都要使用一定的规格，要有一致的结构设计，要统一网页的设计原则和方向，这样设计出来的网页版式才会风格统一。

7. 更新和维护

适时地对网页进行内容或形式上的更新，是保持网站鲜活性的重要手段，长期没有更新的网站是不会有人去看的。如果想要经营一个即时性质的网站，除了内容，资料也要每日更新，并且要考虑事后维护及管理的问题。设计一个网页可能比较简单，而维护管理的各项事务则比较繁琐，这项工作重复而死板，但千万不能不做，因为维护及管理是网站后期运行极为重要的工作之一。

10.2 网页版式设计——婚礼摄影网

本案例设计的是一款婚礼摄影网的网页版式，效果如图10-10所示。

图10-10　网页版式

10.2.1　制作背景效果

制作网页版式背景效果的具体操作步骤如下。

步骤01| 按Ctrl＋N组合键，新建一幅名为"婚礼摄影网"的RGB模式的图像文件，设置"宽度"为1024px、"高度"为986px，如图10-11所示，单击"确定"按钮。

步骤02| 选择工具箱中的"矩形工具" ![图标]，在当前工作窗口中绘制一个矩形。选择工具箱中的"渐变工具" ![图标]，在"渐变"面板中设置"类型"为"径向"、渐变色为白色到洋红（#FA3296），填充矩形后的效果如图10-12所示。

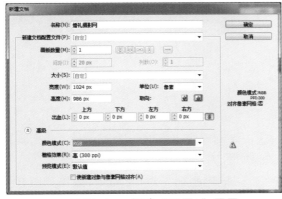

图10-11　新建"图层1"图层

图10-12　绘制并填充矩形

步骤03| 设置"填色"为洋红色（#FA3296），使用"矩形工具" ![图标]绘制矩形，效果如图10-13所示。

步骤04| 按Ctrl＋O组合键，打开"花纹"素材图像，如图10-14所示，将其复制、粘贴至"婚礼摄影网"文件中。

图10-13　绘制矩形

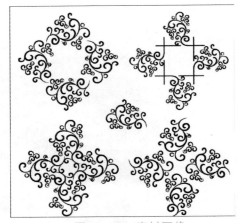

图10-14　素材图像

步骤05| 选择"花纹"图像，单击鼠标右键，在弹出的快捷菜单中选择"排列"|"置于底层"命令，即可调整图像的顺序，效果如图10-15所示。

步骤06| 在工具属性栏中设置"不透明度"为8%，完成网页版式的背景制作，效果如图10-16所示。

图10-15　调整图像的顺序

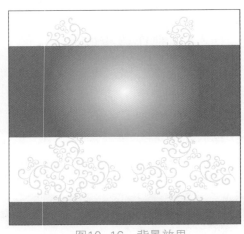

图10-16　背景效果

10.2.2　制作主体效果

制作网页版式主体效果的具体操作步骤如下。

步骤01| 选择工具箱中的"圆角矩形工具" 🔲，绘制一个"宽度"为985px、"高度"为342px、"圆角半径"为10px的圆角矩形，效果如图10-17所示。

步骤02| 在工具属性栏中设置"描边"为白色、"描边粗细"为1.2mm，效果如图10-18所示。

步骤03| 按Ctrl＋O组合键，打开"婚纱照1"素材图像，将其复制、粘贴至"婚礼摄影网"文件中并适当调整图像的大小，效果如图10-19所示。

步骤04| 将素材图像后移一层，选择工具箱中的"圆角矩形工具" 🔲，在当前工作窗口中绘制一个合适大小的圆角矩形，效果如图10-20所示。

图10-17　绘制圆角矩形

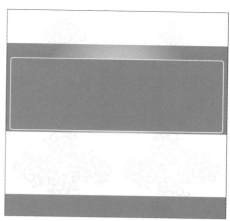

图10-18　添加描边效果

图10-19　复制、粘贴图像

图10-20　绘制圆角矩形

步骤05| 保持绘制的圆角矩形处于被选择状态，选择工具箱中的"选择工具" ，在当前工作窗口中按住Shift键选择"婚纱照1"图像，执行"对象"｜"剪切蒙版"｜"建立"命令，即可创建剪切蒙版，效果如图10-21所示。

步骤06| 选择工具箱中的"圆角矩形工具" ，绘制一个"宽度"为985px、"高度"为50px、"圆角半径"为10px的圆角矩形，效果如图10-22所示。

图10-21　创建剪贴蒙版

图10-22　绘制圆角矩形

步骤07 | 选择工具箱中的"渐变工具" ，设置"类型"为"线性"、"角度"为-90°、渐变色为白色到洋红色（#FA3296），设置"描边"为红色（#FF0000）、"描边粗细"为0.353mm，效果如图10-23所示。

步骤08 | 执行"效果" | "风格化" | "内发光"命令，弹出"内发光"对话框，参数保持默认设置，单击"确定"按钮，效果如图10-24所示。

图10-23　设置并填充线性渐变　　　　　　　图10-24　添加图层样式

步骤09 | 选择工具箱中的"直线段工具" ，在工具属性栏中设置"描边粗细"为0.353mm、"描边"为洋红色（#FA3296），在导航栏上绘制一条竖线，效果如图10-25所示。

步骤10 | 执行"效果" | "风格化" | "外发光"命令，弹出"外发光"对话框，设置"颜色"为白色、"不透明度"为100%、"模糊"为2px，单击"确定"按钮，效果如图10-26所示。

图10-25　绘制竖线　　　　　　　　　　　图10-26　添加图层样式

步骤11 | 按住Alt键拖动竖线，复制出多条竖线，效果如图10-27所示。

步骤12 | 选择工具箱中的"圆角矩形工具" ，设置"填色"为粉红色（#FF00FF），"半径"为10px，在当前工作窗口中绘制一个圆角矩形，效果如图10-28所示。

图10-27　复制竖线

图10-28　绘制圆角矩形

步骤13| 选择绘制的圆角矩形，执行"对象"｜"变换"｜"缩放"命令，弹出"比例缩放"对话框，设置"比例缩放"为90%，如图10-29所示，单击"复制"按钮。

步骤14| 设置复制的圆角矩形的"填色"为白色，执行"效果"｜"风格化"｜"羽化"命令，弹出"羽化"对话框，设置"羽化半径"为30px，单击"确定"按钮；复制出其他三个圆角矩形并调整其位置，效果如图10-30所示。

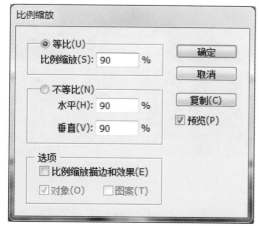

图10-29　"比例缩放"对话框

图10-30　羽化并复制圆角矩形

步骤15| 将"婚纱照1"素材图像复制、粘贴至"婚礼摄影网"文件中并调整其位置和大小，连续按四次Ctrl+[组合键，将"婚纱照1"图像排列至白色圆角矩形的后面，选择"婚纱照1"图像和白色圆角矩形，单击鼠标右键，在弹出的快捷菜单中选择"建立剪切蒙版"命令，效果如图10-31所示。

步骤16| 按Ctrl + O组合键，打开"装饰框"素材图像，选择该图像，按Ctrl + C组合键复制图像，确认"婚礼摄影网"文件为当前工作文件，按Ctrl + V组合键粘贴图像并调整图像的大小和位置，效果如图10-32所示。

步骤17| 复制出三个"装饰框"图像并将其移至合适位置；使用与上面同样的方法，将"婚纱照2""婚纱照3"及"婚纱照4"素材图像分别排列好，效果如图10-33所示。

步骤18| 选择工具箱中的"多边形工具" ⬡，设置"填色"为红色（#FF0000），在当前工作窗口中绘制一个三角形，复制出其他三个三角形并移至合适位置，效果如图10-34所示。

图10-31　创建剪贴蒙版

图10-32　复制、粘贴图像

图10-33　排列图像

图10-34　复制并移动三角形

10.2.3　制作整体效果

制作网页版式整体效果的具体操作步骤如下。

步骤01| 按Ctrl＋O组合键，打开"爱之窗Logo"和"搜索框"两幅素材图像，将其复制、粘贴至"婚礼摄影网"文件中并移至合适位置，效果如图10-35所示。

步骤02| 选择工具箱中的"文字工具" T，设置"字体"为"方正准圆简体"、"字体大小"为25.5pt、"填色"为黑色，在网页的顶部输入文字"首页""作品欣赏""服务报价""优惠活动""关于我们"，效果如图10-36所示。

步骤03| 继续选择工具箱中的"文字工具" T，设置"字体"为"宋体"、"字体大小"为16pt、"填色"为黑色，单击"下划线"按钮，输入文字"分享新浪""分享百度"，效果如图10-37所示。

步骤04| 运用"矩形工具" ▢ 在合适位置处绘制一个洋红色（#FA3296）的矩形，效果如图10-38所示。

图10-35　复制、粘贴图像并移动其位置

图10-36　设置并输入文字

图10-37　设置并输入文字

图10-38　绘制矩形

步骤05｜选择"文字工具" **T** ，设置"字体"为"方正卡通简体"、"字体大小"为27pt、"填色"为白色，如图10-39所示。

步骤06｜输入相应的文字，完成婚礼摄影网网页版式的设计，效果如图10-40所示。

图10-39　设置文字属性

图10-40　最终效果

在"字符"面板中，如果设置的参数为数值，可以在其下拉列表框中进行数值的选择，也可以直接输入数值；如果在弹出的下拉列表框中选择"自动"选项，则系统将根据字体的大小自动设置合适的字体属性。

10.3 知识链接——"比例缩放"对话框

使用"比例缩放"对话框，可以对图形进行缩放操作。下面以制作书籍装帧广告为例，介绍"比例缩放"对话框的使用方法。

步骤01| 执行"文件"|"打开"命令，分别打开如图10-41、图10-42所示的素材图像，选择第二幅素材图像，按Ctrl + C组合键复制选择的图像。

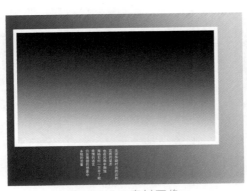

图10-41　素材图像　　　　　　　　图10-42　素材图像

步骤02| 按Ctrl + V组合键粘贴选择的图像至第一幅素材图像中，并调整图像的位置和大小，效果如图10-43所示。

步骤03| 执行"对象"|"变换"|"缩放"命令，弹出"比例缩放"对话框，设置"比例缩放"为80%，如图10-44所示。

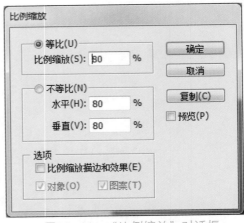

图10-43　复制、粘贴图像　　　　　图10-44　"比例缩放"对话框

步骤04| 单击"复制"按钮，复制、缩小选择的图像，调整其位置，效果如图10-45所示。

步骤05| 使用同样的方法，复制并缩小图像，效果如图10-46所示。

图10-45　复制并缩小图像

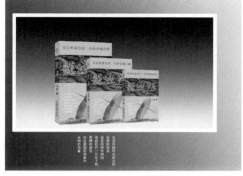

图10-46　最终效果

第11章
Banner广告设计

Banner广告可以作为网站页面的横幅广告，也可以作为游行活动时使用的旗帜，还可以作为报纸杂志的大标题。Banner广告主要被用来体现中心主旨，形象、鲜明地表达主要的情感思想或宣传主题。

 本章重点

- ◆ 关于Banner广告
- ◆ Banner广告设计——澳海花园
- ◆ 知识链接——钢笔工具组

效果展示

11.1 关于Banner广告

Banner广告即"标志广告"，又被称为"横幅广告""全幅广告""条幅广告""旗幅广告"。Banner是位于网页的顶部、中部、底部任意一处，横向贯穿整个或者大半个页面的广告条。

11.1.1 Banner广告的用途

Banner广告一般指网幅广告，将以GIF、JPG等格式建立的图像文件定位在网页中，多用来表现网络广告内容，同时还可使用Java等语言使其产生交互性，使用Shockwave等插件工具增强其表现力，标准GIF格式以外的网幅广告被称为"富媒体Banner"。如图11-1所示为某品牌插座的Banner广告。

图11-1　Banner广告

专家提醒

Banner网幅广告是互联网广告中最基本的广告形式。Banner网幅广告的尺寸是468×60像素或233×30像素，一般是GIF格式的图像文件，可以是静态图像，也可以是多帧图像拼接而成的动态图像。除普通GIF格式外，新兴的富媒体Banner能赋予Banner更强的表现力和更丰富的交互内容，但往往需要用户使用的浏览器插件支持（Plug-in）。

Banner广告的用途综合起来有以下几种。

（1）网幅广告：横幅广告，网络广告的主要形式。

（2）旗帜：印在旗帜上的广告。

（3）横幅：张挂在街头或游行队伍等处的横幅。

（4）大标题：报纸上横贯全页的大标题。

11.1.2 Banner广告的设计方法

网站上有很多Banner，有的华丽、复杂，有的简单、清晰，有的色彩艳丽，有的色彩淡雅。一个好的Banner能影响到点击量，而专业的Banner是有尺寸规则、文件大小规则、颜色使用规则的。Banner广告的设计方法有以下几点。

（1）正/倒三角形：采用正三角形构图，可以使Banner的空间立体感强烈，重点突出，构图稳定、自然，给人以安全和可靠的印象。采用倒三角形构图，则一方面突出强烈的空间立体感，另一方面强调动感、活泼，通过不稳定的构图方式激发创意，给人以运动的感觉。如图11-2所示为三角形Banner广告。

图11-2　三角形Banner广告

（2）对角线：采用对角线构图，能够改变常规的排版方式，适合组合展示，比重相对平衡，构图活泼、稳定，且有较强的视觉冲击力，特别适合运动型展示。

（3）扩散式：扩散式构图运用射线、光晕等辅助元素对图片主体进行突出，构图活泼、有重点，次序感强，利用透视的形式围绕主题进行表达，给人以深刻的视觉印象。

11.2　Banner广告设计——澳海花园

本案例设计的是一款澳海花园的Banner广告，效果如图11-3所示。

图11-3　Banner广告

11.2.1　制作图像元素

制作Banner广告中图像元素的具体操作步骤如下。

步骤01 按Ctrl + N组合键，新建一个名为"澳海花园"的CMYK模式的图像文件，设置"宽度"为33cm、"高度"为8cm，单击"确定"按钮。选择工具箱中的"矩形工具" ，在工具属性栏中设置"填色"为黑色、"描边"为红褐色（#7F191E）、"描边粗细"为2.117mm，移动鼠标指针至当前工作窗口，单击鼠标左键并进行拖动，绘制一个矩形，效果如图11-4所示。

步骤02 执行"文件" | "打开"命令，打开一幅素材图像，效果如图11-5所示。

图11-4　绘制矩形　　　　　　　图11-5　素材图像

步骤03 选择工具箱中的"选择工具" ，选择打开的素材图像，按Ctrl + C组合键复制选择的图像，确认"澳海花园"文件为当前工作文件，按Ctrl + V组合键粘贴选择的图像，运用鼠标对图像的大小和位置进行适当的调整，效果如图11-6所示。

步骤04 选择工具箱中的"钢笔工具" ，在工具属性栏中设置"描边"为黑色、"描边粗细"为0.353mm，移动鼠标指针至当前工作窗口，单击鼠标左键绘制闭合路径，效果如图11-7所示。

图11-6　复制、粘贴图像并进行调整　　　　　　图11-7　绘制闭合路径

技巧点拨

　　在使用"钢笔工具" 绘制路径时，按住Ctrl键的同时，在当前工作窗口中的空白区域单击鼠标左键，即可结束路径的绘制。

步骤05 保持所绘制的闭合路径处于被选择状态，选择工具箱中的"选择工具" ，按住Shift键选择前面复制、粘贴的图像，按Ctrl + 7组合键创建剪切蒙版，效果如图11-8所示。

步骤06 按Ctrl + O组合键，打开"标识"素材图像，效果如图11-9所示。

图11-8　创建剪切蒙版　　　　　　　　　　图11-9　素材图像

步骤07 确认"标识"文件为当前工作文件，执行"选择"|"全部"命令，选择所有的图像，按Ctrl + C组合键，复制选择的图像；确认"澳海花园"文件为当前工作文件，执行"编辑"|"粘贴"命令，粘贴选择的图像，并设置其位置和大小，效果如图11-10所示。

图11-10　制作效果

11.2.2 编排文字元素

编排Banner广告中文字元素的具体操作如下。

步骤01| 选择工具箱中的"文字工具" T，设置"字体"为"华文行楷"、"字号"为40pt、"填色"为白色，在当前工作窗口的适当位置处单击鼠标左键，确认插入点，输入文字"澳海花园 您梦想的家园"，效果如图11-11所示。

图11-11 设置并输入文字

步骤02| 使用同样的方法输入字母"A"，设置"字体"为"华文中宋"、"字号"为95pt、"填色"为灰色（#666666），在"透明度"面板中设置"不透明度"为70%，效果如图11-12所示。

图11-12 设置并输入文字

步骤03| 使用同样的方法输入其他文字，设置其各自的字体、字号和颜色并调整文字的位置，效果如图11-13所示。

图11-13 设置并输入文字

步骤04| 选择工具箱中的"椭圆工具" ◯，在工具属性栏中设置"填色"为"无"、"描边"为白色、"描边粗细"为0.353mm，如图11-14所示。

步骤05| 移动鼠标指针至当前工作窗口中，在电话号码的左侧按住Shift键单击鼠标左键并进行拖动，绘制一个正圆，作为电话机底座，效果如图11-15所示。

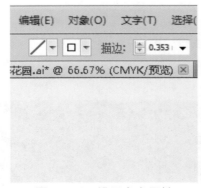

图11-14 设置文字属性　　　　　图11-15 绘制正圆

步骤06｜选择工具箱中的"钢笔工具" ，工具属性栏参数设置不变，在当前工作窗口中绘制的圆形的下方绘制一条曲线，作为电话线，效果如图11-16所示。

步骤07｜单击工具箱中的"互换填色和描边"按钮，将填充色和描边色互换，在当前工作窗口中绘制的圆形的上方绘制闭合路径，作为电话机，效果如图11-17所示。

图11-16　绘制曲线

图11-17　绘制闭合路径

步骤08｜选择工具箱中的"选择工具"，在当前工作窗口中按住Shift键依次选择绘制的图形，按Ctrl＋G组合键，将选择的图形进行编组，效果如图11-18所示。

图11-18　编组图形效果

步骤09｜选择工具箱中的"文字工具" T，设置"填色"为红褐色（#871B20）、"字体"为"华文新魏"、"字号"为13pt，在当前工作窗口中图像的上方输入文字"澳海花园 梦想家园"，效果如图11-19所示。

步骤10｜使用同样的方法输入其他文字，设置其各自的字体、字号和颜色并调整其位置，效果如图11-20所示。

图11-19　设置并输入文字

图11-20　设置并输入文字

步骤11｜选择工具箱中的"椭圆工具"，在工具属性栏中设置"填色"为"无"、"描边"为红褐色（#871B20）、"描边粗细"为0.176mm，在当前工作窗口中输入的"澳海花园"文字的右侧绘制一个正圆，效果如图11-21所示。

步骤12| 保持绘制的正圆处于被选择状态，执行"对象"|"变换"|"缩放"命令，弹出"比例缩放"对话框，设置"比例缩放"为80％，如图11-22所示。

图11-21　绘制正圆

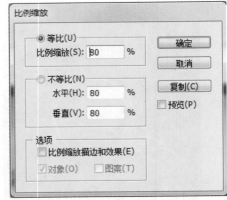

图11-22　"比例缩放"对话框

技巧点拨

在对对象进行缩放操作时，若按住Shift键则以等比例缩放对象；若按住Alt键，则缩放对象时可以在保留原对象的状态下复制缩放的对象；若按住Shift+Alt组合键，则以等比例缩放对象的同时复制所操作的对象。

步骤13| 单击"复制"按钮，等比例缩小并复制选择的正圆，效果如图11-23所示。

步骤14| 选择工具箱中的"直线段工具"，工具属性栏参数设置不变，在当前工作窗口中"澳海花园"文字的下方，按住Shift键单击鼠标左键并向右拖动，绘制一条直线，效果如图11-24所示。

图11-23　缩放并复制正圆

图11-24　绘制直线

专家提醒

在绘制图形时，需要对图形进行对齐，使图形更有序地在工作窗口中进行排列。这时可以通过执行"窗口"|"对齐"命令，显示"对齐"面板，如图11-25所示，在"对齐对象"选项组中由左至右分别为水平左对齐、水平居中对齐、水平右对齐、垂直顶对齐、垂直居中对齐、垂直底对齐。

图11-25 "对齐"面板

步骤15| 选择工具箱中的"选择工具" ▶，在当前工作窗口中选择"标识"图像，按Ctrl + C组合键复制选择的图像，按Ctrl + V组合键粘贴选择的图像并调整其位置和大小，效果如图11-26所示。

图11-26 最终效果

11.3 知识链接——钢笔工具组

使用"钢笔工具" ✏与"铅笔工具" ✐都可以绘制路径并可以改变路径的形状和位置。钢笔工具组包括"钢笔工具" ✏、"添加锚点工具" ✏、"删除锚点工具" ✏和"转换锚点工具" ▷。下面对这些工具进行详细的讲解。

■ 11.3.1 钢笔工具

使用"钢笔工具" ✏可以很方便地绘制闭合路径，方法是：将鼠标指针移动至路径的起始点处，此时鼠标指针呈一个笔头加一个圆圈的形状，如图11-27所示，该形状表示再次单击鼠标左键即可绘制闭合的路径。

鼠标指针与起始点重合时的状态　　　　绘制的闭合路径

图11-27 使用"钢笔工具"绘制路径

11.3.2　添加锚点工具

使用"添加锚点工具" ，可以在已绘制的路径上添加锚点，并可以使用工具箱中的"直接选择工具" 对其添加的锚点进行调整。

步骤01 选择工具箱中的"钢笔工具" ，在工具属性栏中设置"填色"为"无"、"描边"为黑色、"描边粗细"为1px，移动鼠标指针至当前工作窗口，单击鼠标左键创建第一点，移动鼠标指针至另一位置处创建第二点，效果如图11-28所示。

步骤02 依次创建点，绘制一条闭合路径，效果如图11-29所示。

图11-28　绘制路径

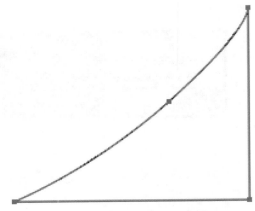

图11-29　绘制闭合路径

步骤03 重复步骤01～步骤02，绘制其他路径，效果如图11-30示。

步骤04 选择工具箱中的"椭圆工具" ，在工具属性栏中设置"填色"为"无"、"描边"为黑色、"描边粗细"为1px，移动鼠标指针至当前工作窗口，按住Shift键单击鼠标左键并进行拖动，绘制椭圆，效果如图11-31所示。

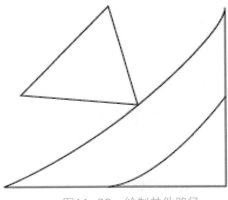

图11-30　绘制其他路径

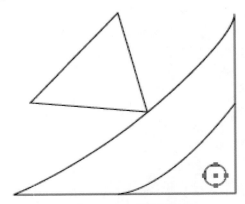

图11-31　绘制椭圆

步骤05 选择工具箱中的"添加锚点工具" ，移动鼠标指针至当前工作窗口中，在对象上单击鼠标左键添加一个锚点，效果如图11-32所示。

步骤06 选择工具箱中的"转换锚点工具" ，在上述所添加的锚点的位置处单击鼠标左键并进行拖动，此时鼠标形状如图11-33所示。

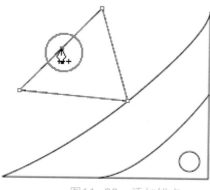

图11-32　添加锚点

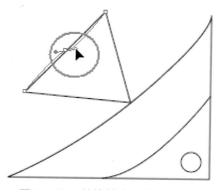

图11-33　转换锚点时的鼠标形状

步骤07 | 在工具箱中选择"直接选择工具" ![icon]，对所添加的锚点进行调整，调整后的形状如图11-34所示。

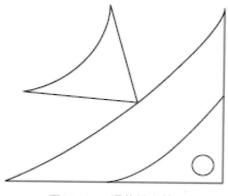

图11-34　调整锚点效果

11.3.3　删除锚点工具

使用"删除锚点工具" ![icon]，可以在已绘制的路径上删除多余的锚点，以减小路径的复杂度，如图11-35所示。

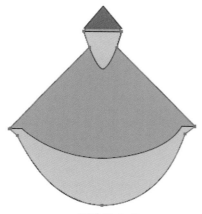

删除锚点前

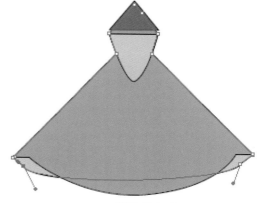

删除锚点后

图11-35　使用"删除锚点工具"删除锚点

11.3.4 转换锚点工具

使用"转换锚点工具"，可以在路径平滑的控制点与尖角的控制点之间进行转换，制作的图形效果如图11-36所示。

图11-36 运用"转换锚点工具"制作的图形

第12章
公益广告设计

公益广告是以为公众谋利益为目的而设计的广告，是企业或社会团体向消费者阐明自己对社会的功能和责任，表明自己追求的不仅仅是从经营中获利，而是过问和参与如何解决社会问题和环境问题这一意图的广告，是不以营利为目的而为社会公众切身利益和社会风尚服务的广告。

 本章重点

- ◆ 关于公益广告
- ◆ 公益广告设计——停止屠杀
- ◆ 知识链接——倾斜工具

效果展示

12.1 关于公益广告

公益广告的主要目的是为了向人们宣传一种观念、一种形象或一种道德规范，从而起到引导价值观和塑造自身在社会公众心目中良好形象的作用。要使公益广告达到事半功倍的效果，其中的一个重要因素就是讲究艺术，善于把观念的推销、形象的塑造、价值观的引导等公益广告所要达到的目的，寓于耐人寻味的哲理、人情和幽默之中，使广告受众得到美的享受和启迪，最终在心理上产生共鸣。

12.1.1 公益广告的基本概念

公益广告通常由政府有关部门制作，广告公司和部分企业参与公益广告的资助，或完全由企业办理。企业在制作公益广告的同时也借此提升了自身形象，向社会展示了企业的理念。这些都是由公益广告的社会性所决定的，公益广告的社会性能使其很好地成为企业与社会公众沟通的渠道之一。如图12-1所示为爱鸟的公益广告。

这样的想法不是梦

我不想消失在这个世界
请给我自由
我知道您有爱心
我们需要你的双手
为我们筑建一个爱的家园

你所做的一切，都将决定着我们的未来

全球生态平衡问题系列

国际爱鸟协会
www.ainiaoxiehui.com

图12-1 公益广告

公益广告隶属非商业性广告，是社会公益事业的一个重要组成部分。与其他广告相比，它具有相当特别的社会性，这是决定了企业愿意制作公益广告的一个因素。公益广告的主题内容存在深厚的社会基础，它取材于老百姓日常生活中的酸甜苦辣和喜怒哀乐，并运用独特创意、深刻内涵、艺术制作等广告手段，以不可更改的方式、鲜明的立场及健康的方法来正确引导社会公众。

专家提醒

公益广告的诉求对象是极为广泛的，它是面向全体社会公众的一种信息传播方式。例如，直观地看提倡戒烟、戒毒的公益广告，似乎仅仅是针对吸烟者或吸毒者，但是烟、毒已经危害到环境中的其他人及其后代，无论是作为直接受众还是间接受众，都会意识到这一危害是社会性的，是整个人类的。从内容上看，公益广告大多是社会性题材，从而导致其解决的问题基本上是社会问题，这就更容易引起公众的共鸣，因此，公益广告更容易深入人心。

12.1.2 公益广告的特征

　　只有深刻地了解公益广告的特征，才可能创作出好的公益广告。作为广告的一个分支，公益广告除了具有广告的一些共性外，还具有自己的一些特性。如图12-2所示为环保的公益广告。

图12-2　公益广告

　　公益广告具有以下几个特征。

　　（1）公益性：公益性是公益广告的本质特征，它不是为了让企业获取经济上的利益，也不是为了让政治团体获取在政治上的支持，而是在纯粹意义上为公众服务的广告，不含有任何商业目的，唯一的目的就是为大众谋福利，为社会的发展作贡献。正如潘泽宏在《公益广告导论——新闻理论丛书》中指出："公益广告是面向社会广大公众，针对现实时弊和不良风尚，通过短小轻便的广告形式及其特殊的表现手法，激起公众的欣赏兴趣，进行善意的规劝和引导，匡正过失，树立新风，影响舆论，疏导社会心理，规范人们的社会行为，以维护社会道德和正常秩序，促进社会健康、和谐、有序运转，实现人与自然和谐永续的发展为目的的广告宣传。"可见，公益广告之所以被称为"公益广告"，是因为公益性是其本质特征，它关注的是整个社会的共同利益。纵观中外公益广告的宣传主题（保护生态，爱护地球，优生优育，反对邪教，崇尚科学，反对战争，倡导礼貌的社会风尚，爱国主义，等等），无不是社会公益性内容，它不是为某个人或某些组织的个别利益服务，而是围绕公众的利益展开的。

　　（2）非营利性：非营利性是公益广告的一个重要特征，它之所以和商业广告区别开来，其原因正在于此。无论是哪个团体、组织或部门发布的公益广告，其目的都是非营利的。中国传媒大学广告学系路盛章教授曾说过："商业广告的目的是为了获得经济利益，为了赚钱，花钱做广告的人要得到直接的经济效益；公益广告则是花钱做广告，为大众传递信息，只为引发大众对某些社会热点、公益事件的关注，服务于社会，它是一种对社会奉献精神的体现，不以营利为目的。"可见，公益广告不是为了某个企业或组织而做的企业形象广告，也不是为了宣传介绍某种商品或服务，其目的不是为了赚钱，即非营利性是它的一个重要特点。例如，电视台一直不间断地播放公益广告，不仅要花掉大量的电视版面时段，还要花费巨大的人力、财力进行制作，而这些开支是不能像商业广告一样被打入商品的成本计算而得到回报的，这种在经济上的无偿付出本身就是为社会服务而不计自身经济回报的体现。

（3）社会性：公益广告所关注的不是一个人或少部分人的问题，而是人们普遍关心的社会性问题，因而具有社会性的特征。这一特征体现在公益广告所宣传的主题中，如环境保护、尊师重道、优生优育等，无一不具有社会性的普遍意义，其社会性和公益性是分不开的。公益广告正是以社会性重大主题作为宣传内容，这样才能引起公众的强烈共鸣，才能为社会公众所普遍重视，也才能起到为公众的利益而倡导一种新风尚，或宣传一种新观念，或激发公众的爱国热情，或规劝警示公众等作用。由于人们关心的社会问题具有鲜明的时代性，因此公益广告的社会性往往表现为时代特色。它取材于当代社会，针对时代热点和难点问题展开公益宣传。例如，1998年我国的下岗就业问题是当时的时代焦点，当时的公益广告大多以鼓励下岗职工保持自强不息的精神和采取正确的择业观为主题进行宣传的。

（4）通俗性：公益广告的通俗性是由它的受众是社会公众这一特点所决定的。其他商业广告面对的是某一特定的目标受众，其广告的表现形式和内容都要符合目标受众的特点；而公益广告的受众为广大公众，受众的文化程度不一、理解能力不一，因此，要求公益广告不仅要在传播内容上具有普遍意义，而且要在形式上明确、简洁，语言上平易近人、通俗易懂，适合大多数人的品位。也只有这样，公益广告才可能真正起到服务公众的目的。

专家提醒

公益广告的投放平台包括电视、广播、杂志三大媒介，其中以电视公益广告最多、覆盖面最广、效果最好。越来越多的公益广告在选择投放平台时，为了吸引年轻人的注意，以达到公益的目的，更倾向于选择新媒体，如网络、手机、楼宇及户外灯箱广告等。又因为网络广告过于泛滥，手机广告容易引起受众的反感，户外灯箱广告于是成了公益广告的最佳平台。

12.1.3 公益广告的创作原则

公益广告既要遵循一般广告的创作原则，又要体现公益广告的创作原则。比起商业广告，公益广告在创意上相对自由一些，因为商业广告通常要受到广告商的制约；而公益广告只需符合本国的道德规范和法律法规，受制约程度较小，创作者有更大的发挥余地。如图12-3所示为节水的公益广告。

公益广告的创作原则包括以下几方面。

（1）思想政治性原则：公益广告推销的是观念。观念属于上层建筑，思想政治性原则是其第一要旨。公益广告要品位高雅，就是说，要把思想性和艺术性统一起来，融思想性于艺术性之中。第43届戛纳国际广告节上有一个反种族歧视的公益广告，画面是四个大脑，前三个大小相同，最后一个明显小于前三个，在相应大脑下均标有文字说明，依次是"非洲人的""欧洲人的""亚洲人的"和"种族主义者的"，让受众自己去思考、去体会，独特的创意令人叫绝。

（2）倡导性原则：公益广告向公众推销观念或行为准则，应以倡导的方式进行，传受双方应进行平等的交流。摆出教育者的架势，居高临下，以教训人的口气说话，是万万要不得的，但这并不是说公益广告不能对不良行为和不良风气发言。公益广告要采取以正面宣传为主、提醒规劝为辅的方式，与公众进行平等的交流。这方面成功的例子很多，如"珍惜暑假时光""您的家人盼望您安全归来""保护水资源""孩子，不要加入烟民的行列"等。

图12-3　公益广告

（3）情感性原则：人们的态度是扎根于情感之中的。如果能让观念依附在较易被感知的情感成分上，就会引起人们的共鸣。

12.2　公益广告设计——停止屠杀

本案例设计的是一款停止屠杀的公益广告，效果如图12-4所示。

图12-4　公益广告

12.2.1　绘制背景图形

绘制公益广告背景图形的具体操作步骤如下。

步骤01｜按Ctrl＋N组合键，新建一个名为"停止屠杀"的CMYK模式的图像文件，设置"宽度"为26cm、"高度"为20cm，如图12-5所示，单击"确定"按钮。

步骤02 按Ctrl＋O组合键，打开一幅"背景"素材图像。选择打开的图像，按Ctrl＋C组合键复制选择的图像，确认"停止屠杀"文件为当前工作文件，按Ctrl＋V组合键粘贴选择的图像，适当调整图像的位置和大小，效果如图12-6所示。

图12-5　新建文件

图12-6　复制、粘贴素材图像

步骤03 按Ctrl＋O组合键，打开一幅"高立柱"素材图像，按Ctrl＋A组合键选择图像，按Ctrl＋C组合键复制选择的图像，确认"停止屠杀"文件为当前工作文件，按Ctrl＋V组合键粘贴选择的图像，效果如图12-7所示。

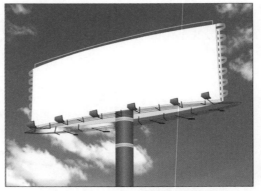

图12-7　复制、粘贴素材图像

技巧点拨

　　在"图层"面板中，单击图层名称前面的"切换锁定"图标 🔒，如图12-8所示，可以锁定该图层中的图像，这样在操作过程中可以避免不小心移动或修改该图层中的图像。

图12-8　单击"切换锁定"图标

12.2.2 绘制图形元素

绘制公益广告图形元素的具体操作步骤如下。

步骤01| 执行"文件"|"置入"命令,置入一幅素材图像,效果如图12-9所示。

步骤02| 运用工具箱中的"选择工具" ▶,在当前工作窗口中适当地调整和旋转置入的图像,效果如图12-10所示。

图12-9　置入素材图像

图12-10　调整和旋转图像

步骤03| 选择工具箱中的"直线段工具" ＼,在工具属性栏中设置"填色"为"无"、"描边"为土黄色(CMYK的参考值为0、50、100、0)、"描边粗细"为3.528mm,如图12-11所示。

步骤04| 移动鼠标指针至当前工作窗口,在窗口中的合适位置单击鼠标左键进行拖动,绘制一条直线段,效果如图12-12所示。

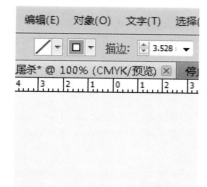

图12-11　设置参数

图12-12　绘制直线段

步骤05| 选择工具箱中的"文字工具" T,在工具属性栏中设置"填色"为红色(CMYK的参考值为0、100、100、0)、"描边"为"无"、"字体"为"创艺简粗黑"、"字体大小"为36pt,如图12-13所示。

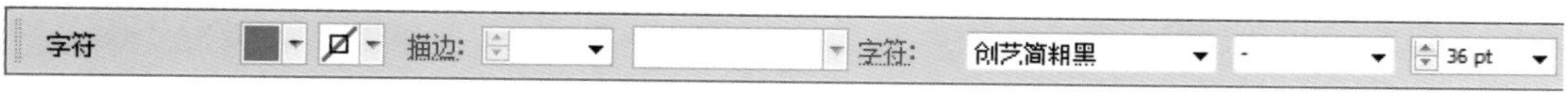

图12-13　工具属性栏

步骤06| 移动鼠标指针至当前工作窗口,在窗口中置入的图像下方的合适位置处单击鼠标左键,确认插入点,然后输入文字"停止屠杀",效果如图12-14所示。

步骤07| 选择工具箱中的"选择工具" ▶,在当前工作窗口中选择输入的文字,选择工具

箱中的"倾斜工具" ，移动鼠标指针至选择的文字的右侧，然后单击鼠标左键并向上拖动，效果如图12-15所示。

图12-14　输入文字

图12-15　单击鼠标左键并向上拖动

步骤08| 释放鼠标左键，即可倾斜文字，效果如图12-16所示。

步骤09| 使用与上述输入并倾斜文字相同的操作方法，在当前工作窗口中运用"文字工具" [T] 和"倾斜工具" ，输入并倾斜文字"STOP SLAUGHTER"，效果如图12-17所示。

图12-16　倾斜文字

图12-17　文字效果

步骤10| 选择工具箱中的"垂直文字工具" [IT]，在工具属性栏中设置"填色"为绿色（CMYK的参考值为75、0、100、25）、"描边"为"无"、"字体大小"为25pt、"行距"为48.5pt，如图12-18所示。

图12-18　工具属性栏

步骤11| 移动鼠标指针至当前工作窗口，在窗口中高立柱框架左侧的合适位置处单击鼠标左键，确认插入点，然后输入文字"保护野生动物　维持生态平衡"，效果如图12-19所示。

步骤12| 选择工具箱中的"选择工具" ，在当前工作窗口中选择输入的垂直文字，如图12-20所示。

步骤13| 在工具箱中选择"倾斜工具" ，如图12-21所示。

步骤14| 在当前工作窗口中选择的文字的左侧单击鼠标左键并进行拖动以倾斜文字，效果如图12-22所示。

图12-19　输入文字

图12-20　选择文字

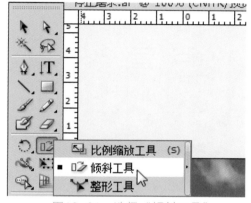

图12-21　选择"倾斜工具"

图12-22　倾斜文字

12.3　知识链接——倾斜工具

使用工具箱中的"倾斜工具" 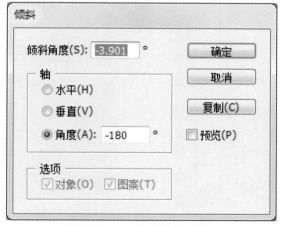，可以以一个固定点来倾斜对象。

双击工具箱中的"倾斜工具"，弹出"倾斜"对话框，如图12-23所示。

图12-23　"倾斜"对话框

在该对话框中各主要参数的含义如下。

● 倾斜角度：用于设置被选中的对象的倾斜角度。

- 水平：单击该单选按钮，表示被选中的对象将以水平方向进行倾斜。
- 垂直：单击该单选按钮，表示被选中的对象将以垂直方向进行倾斜。
- 角度：单击该单选按钮，表示被选中的对象将以所设置的角度数值进行倾斜。
- "选项"选项区：如果在当前工作窗口中所选择的对象被填充了图案，则该选项区呈可用状态；反之，该选项区呈灰色状态。如果勾选该选项区中的"对象"复选框，表示倾斜操作针对的是对象的轮廓；如果勾选该选项区中的"图案"复选框，表示倾斜操作针对的是对象的图案填充，而不会倾斜对象的轮廓。

步骤01| 按Ctrl + O组合键，打开素材图像，如图12-24所示。

步骤02| 选择工具箱中的"选择工具" ，移动鼠标指针至当前工作窗口，在打开的素材图像中单击鼠标左键，选择如图12-25所示的对象。

图12-24　素材图像　　　　　　　　　图12-25　选择对象

步骤03| 选择工具箱中的"倾斜工具" ，移动鼠标指针至当前工作窗口中，在对象的边界控制框左下角的边界控制点处单击鼠标左键，以确定对象倾斜的中心点，如图12-26所示。

步骤04| 按住Shift键，在对象的右侧位置处单击鼠标左键并向上拖动，如图12-27所示。

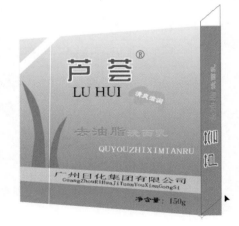

图12-26　确定倾斜的中心点　　　　　　图12-27　向上拖动的效果

步骤05| 拖动鼠标指针至合适位置处释放鼠标左键，效果如图12-28所示。

步骤06| 选择工具箱中的"直接选择工具" ，移动鼠标指针至当前工作窗口，选择对象

的边界控制框右上角的边界控制点，按住Shift键，单击鼠标左键并向下拖动，至合适位置处释放鼠标左键，效果如图12-29所示。

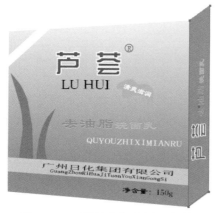

图12-28　释放鼠标左键后的效果

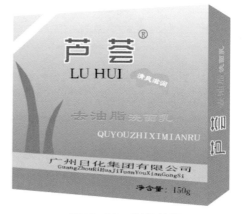

图12-29　制作效果

第13章
创意标志设计

　　企业标志不同于一般的商品商标，它必须能传达企业理念，树立企业精神，突出企业形象的个性化，并且要寓意准确，名实相符，简洁、鲜明，富有感染力。另外，企业标志的设计要相对稳定，符合时代的潮流。

本章重点

- ◆ 关于Logo标志
- ◆ Logo标志设计——企业标志
- ◆ 知识链接——"路径查找器"面板

效果展示

13.1 关于Logo标志

Logo标志的造型应优美、精致，符合美学原则，这些都是理想的标志设计所必须具备的设计理念。企业视觉设计总体上必须具有寓意性、直观性、传播性和表达性等特点。

13.1.1 Logo标志的含义

Logo是"徽标"或者"商标"的英文说法。Logo可以起到对徽标或者商标拥有企业进行识别和推广的作用。通过形象的Logo，可以让消费者记住企业主体和品牌文化。网络中的Logo主要是各个网站用来与其他网站链接的图形标志，代表一个网站或网站的一个板块。另外，Logo还是一种早期的计算机编程语言，也是一种与自然语言非常接近的编程语言，它通过"绘图"的方式来编程，可以对初学者特别是儿童进行寓教于乐的教学。如图13-1所示为房地产的Logo标志。

图13-1 Logo标志

专家提醒

Logo是一种企业形象的象征，是企业综合信息传递的媒介。企业强大的整体实力、完善的管理机制、优质的产品和服务等都被涵盖于Logo中，通过不断地刺激和反复地刻画，深深地留存于受众的心里。

13.1.2 Logo标志的设计原则

Logo标志是通过造型简单、意义明确的统一标准的视觉符号，将企业的经营理念、企业文化、经营内容、企业规模、产品特性等要素传递给社会公众，使之识别和认同企业的图案和文字。

Logo标志是人类社会活动中不可缺少的一种符号，它能传达企业理念，树立企业精神，突出企业形象的个性化，具有独特的传播功能，并且寓意准确，简洁、明了，富有感染力。如图13-2所示为物流公司的Logo标志。

Logo标志的设计原则有以下几点。

（1）设计应在详尽了解设计对象的使用目的、

图13-2 Logo标志

适用范畴及有关法规等情况，深刻领会其功能性要求的前提下进行。

（2）设计必须充分考虑其实现的可行性，针对其应用形式、材料和制作条件采取相应的设计手段，同时还要顾及应用于其他视觉传播方式（如印刷、广告、映像等）或放大、缩小时的视觉效果。

（3）设计要符合受众的直观接受能力、审美意识、社会心理和禁忌。

（4）构思必须慎重推敲，力求深刻、巧妙、新颖、独特，表意准确，能经受住时间的考验。

（5）构图要凝练、美观、适形（适应其应用物的形态）。

（6）图形、符号既要简练、概括，又要讲究艺术性。

（7）色彩要单纯、强烈、醒目。

（8）遵循标志设计的艺术规律，创造性地探求恰当的艺术表现形式和手法，锤炼出精确的艺术语言，使所设计的标志具有高度的整体美感，获得最佳的视觉效果。标志艺术除具有一般的设计艺术规律（如装饰美、秩序美等）之外，还有其独特的艺术规律。

13.1.3　Logo标志的发展趋势

现代Logo的概念更加成熟，其推广与应用已建立了完善的系统。随着数字时代的到来与网络文化的迅速发展，传统的信息传播方式、阅读方式受到了前所未有的挑战，"效率""时间"的概念标准也被重新界定。在这种情况下，Logo的风格呈现出向个性化、多元化的发展。对于Logo设计师来说，现在要通过一个简洁的标志符号表达比以前多几十倍的信息量，经典设计与具有前卫、探索倾向的设计并存，设计的宽容度扩大了。如图13-3所示为图书企业的Logo标志。

图13-3　Logo标志

社会经济的衡量标准不再只是商品数量的多少、性能的好坏、种类的有无，概念传达的准确与快慢成了新的衡量标准和制胜的关键。可以说，时代给Logo的创作提供了一个前所未有的实践空间。基于这一点，对Logo的独特性与可识别性、理性与感性、个性与共性等方面的综合考虑，成为了设计师追求成功的有效途径。市场上的Logo设计趋势可归纳为以下几类。

（1）个性化趋势：各种Logo都在广阔的市场空间中抢占自己的视觉市场，吸引受众的目光。因此，如何在众多Logo中脱颖而出，易辨、易记，突出个性化，成为新的要求。个性化包括消费市场需求的个性化和来自设计师的个性化。不同的消费者其审美取向不同，不同的商品感觉不同，不同的设计师创意不同、表现不同。因此，在多元的平台上，无论对消费市场还是对设计师来讲，个性化成为不可逆转的一大趋势。

（2）人性化趋势：19世纪末以来，由于工业革命及包豪斯设计风格的影响，设计倾向于机械化，有大工业时代的冰冷感。随着社会的发展、审美的多元化及对人的关注，人性化成为设计中的重要因素。正如美国著名的工业设计家、设计史学家、设计教育家普罗斯所言："人们总以为设计有三维——美学、技术、经济，然而，更重要的是第四维——人性！"Logo设计也是如此，应根据心理需求和视觉喜好在造型和色彩等方面更趋向人性化，更有针对性。

（3）信息化趋势：现今的网络时代使Logo与以往不同，除表明品牌及企业属性外，还要求Logo有更丰富的视觉效果、更生动的造型、更适合消费心理的形象和色彩元素等。同时，通过整合企业多方面的信息，设计师要进行自我独特设计语言的翻译和创造，使Logo不仅能够形象、贴切地表达企业理念，树立企业精神，还能够配合市场对受众进行视觉刺激和视觉吸引，协助宣传和销售。Logo成为信息发出者和信息接收者之间的视觉联系纽带和桥梁，信息含量的分析准确与否，也成为Logo取胜的途径。

（4）多元化趋势：意识形态的多元化，使Logo的艺术表现形式日趋多元化，有二维平面形式，也有半立体的浮雕凹凸形式；有写实标志，也有写意标志；有严谨的标志，也有概念性的标志。随着网络科技的进步和电子商务的发展，网络标志成为日益盛行的新的标志形态。

专家提醒

一个成功的企业网站的唯一标志，就是品牌形象。塑造优质、有感染力和号召力的品牌形象，需要有优秀的Logo作为载体。通常而言，用户到企业的网站浏览，也许只是匆匆瞥一眼首页的Logo，但是，企业网站的整体形象、配色、Banner图片和文案设计，都离不开Logo的影响。

13.2 Logo标志设计——企业标志

本案例设计的是一款影视公司的Logo标志，效果如图13-4所示。

凤舞影视传媒制作公司
FENGWU YINGSHI CHUANMEI ZHIZUO GONGSI

图13-4　Logo标志

13.2.1　制作企业标志

制作企业标志的具体操作步骤如下。

步骤01｜按Ctrl + N组合键，新建一个名为"企业标志"的CMYK模式的图像文件，设置

"大小"为A4，如图13-5所示，单击"确定"按钮。

步骤02 选择工具箱中的"渐变工具" ，在"渐变"面板中设置"类型"为"径向"，设置渐变色为粉红色（CMYK的参考值为0、17、0、0）、玫红色（CMYK的参考值为0、100、6、6）、暗红色（CMYK的参考值为51、100、66、0），如图13-6所示。

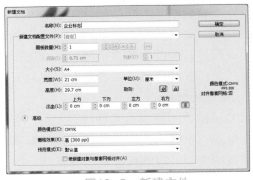

图13-5　新建文件

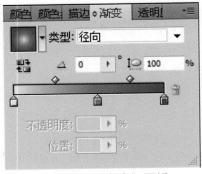

图13-6　"渐变"面板

步骤03 选择工具箱中的"椭圆工具" ，按住Alt + Shift组合键，在当前工作窗口中绘制一个正圆，效果如图13-7所示。

步骤04 将所绘制的正圆连续复制两次，调整两个正圆的大小与位置，效果如图13-8所示。

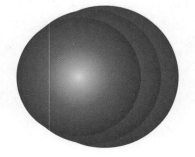

图13-7　绘制正圆　　　　图13-8　调整正圆的大小与位置

步骤05 选择所复制的两个正圆，调出"路径查找器"面板，单击"减去顶层"按钮 ，得到一个月牙形的图形，效果如图13-9所示。

步骤06 使用与上面同样的方法，制作出大小不同的月牙形，并调整各图形之间的角度与位置，效果如图13-10所示。

图13-9　制作月牙图形　　　　图13-10　调整各图形的角度与位置

步骤07| 选择工具箱中的"钢笔工具" ，在当前工作窗口中绘制一个图形，并填充暗红色（CMYK的参考值为34、100、45、18），效果如图13-11所示。

步骤08| 适当地调整图形的大小和位置，完成企业标志的制作，效果如图13-12所示。

图13-11　绘制图形　　　　图13-12　调整图形的大小与位置

技巧点拨

在绘制月牙图形时，可以对所选择的图形进行水平对齐，然后单击"减去顶层"按钮 ，使制作出的图形效果更加标准。

13.2.2　制作文字效果

制作企业标志文字效果的具体操作步骤如下。

步骤01| 选择工具箱中的"文字工具" ，确认文字的输入点后，在"字符"面板中设置"字体"为"华文隶书"、"字体大小"为50pt，如图13-13所示。

步骤02| 输入企业名称"凤舞影视传媒制作公司"，利用"字符"面板，设置"字距调整"为50、"字符旋转"为2°，效果如图13-14所示。

图13-13　"字符"面板

图13-14　输入并设置文字

步骤03| 选择工具箱中的"文字工具" ，确认文字的输入点后，在"字符"面板中设置"字体"为"华文宋体"、"字体大小"为21pt、"字距调整"为60，如图13-15所示。

步骤04| 输入企业名称的汉语拼音，如图13-16所示，完成企业标志文字效果的制作。

图13-15　"字符"面板

凤舞影视传媒制作公司
FENGWU YINGSHI CHUANMEI ZHIZUO GONGSI

图13-16　输入汉语拼音

技巧点拨

　　在输入英文字母时，如果没有设置英文大写输入，可以在英文字母输入完毕后，执行"文字"|"更改大小写"|"大写"命令，快速地将小写字母转换成大写字母。

13.3　知识链接——"路径查找器"面板

　　执行"窗口"|"路径查找器"命令，弹出"路径查找器"面板，如图13-17所示，在其中单击相应的按钮，可以对对象进行相加、相减、相交、合并、分割等操作。在"路径查找器"面板中包含两个选项区，分别是"形状模式"和"路径查找器"。

　　"形状模式"选项区中包括"联集"按钮 、"减去顶层"按钮 、"交集"按钮 、"差集"按

图13-17　"路径查找器"面板

钮 。单击相应的按钮，可以在多个图形路径之间实现不同的操作，下面分别对这些按钮进行介绍。

13.3.1　联集

　　在工作窗口中选择两个或多个图形，单击"路径查找器"面板中"形状模式"选项区的"联集"按钮 ，此时选择的图形将会合并并生成一个新的图形，原来选择的图形之间的重叠部分也将合并为一体，且重叠部分的描边将自动删除。

　　例如，选择需要进行操作的两个或多个图形，如图13-18所示，单击"路径查找器"面板中的"联集"按钮 ，选择的图形的重叠部分具有填充颜色和描边颜色，则生成的新图形的填充颜色和描边颜色将与最上方图形的填充颜色和描边颜色相同，效果如图13-19所示。

图13-18　选择图形　　　　图13-19　联集效果

13.3.2　减去顶层

在工作窗口中选择两个或多个图形，单击"路径查找器"面板中"形状模式"选项区的"减去顶层"按钮 ，将会以最上方的图形减去最下方的图形，且最上方的图形将在工作窗口中被删除，重叠部分将被剪掉。

例如，选择两个或多个图形，如图13-20所示，单击"路径查找器"面板中的"减去顶层"按钮，生成的新图形的填充颜色和描边颜色将与选择的图形中最下方图形的填充颜色和描边颜色相同，效果如图13-21所示。

图13-20　选择图形　　　　图13-21　减去顶层效果

13.3.3　交集

在工作窗口中选择两个或者多个图形（如图13-22所示），单击"路径查找器"面板中"形状模式"选项区的"交集"按钮，将只保留图形的重叠部分，没有重叠的图形部分将被删除，生成的新图形的填充颜色和描边颜色与选择的图形最上方图形的填充颜色和描边颜色相同，效果如图13-23所示。

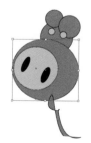

图13-22　选择图形　　　　图13-23　交集效果

13.3.4　差集

在工作窗口中选择两个或者多个图形（如图13-24所示），单击"路径查找器"面板中"形状模式"选项区的"差集"按钮 ，将只保留原来选择的图形中没有重叠的部分图形，而重叠部分的图形将转变为透明，所生成的新图形的填充颜色和描边颜色与选择的图形最上方图形的填充颜色和描边颜色相同，效果如图13-25所示。

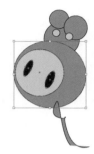 

图13-24　选择图形　　　　图13-25　差集效果

专家提醒

如果重叠区域是奇数，则对象的重叠区域将被保留；如果重叠区域是偶数，则对象的重叠区域将变为透明。

13.3.5　扩展

在"路径查找器"面板的"形状模式"选项区中有一个"扩展"按钮，默认状态下呈灰色，执行了前四个按钮的操作后则呈可用状态。在使用前四个按钮中的某一个按钮进行操作后，可以看出操作后的对象并没有从图形中被删除，而是处于隐藏状态，此时单击"扩展"按钮，可将隐藏的对象真正删除，从而形成一个新的独立图形，效果如图13-26所示。

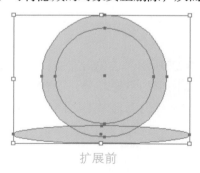

扩展前　　　　　　　　　　扩展后

图13-26　扩展图形的前后对比效果

第14章
企业VI设计

　　VI是视觉识别（Visual Identity）的英文简称，它借助一切可见的视觉符号在企业内外传递与企业相关的信息。它是指一种经过沉思熟虑的，根据一定规范设计而成的统一的平面视觉工艺方案，这一方案是以基本部分（企业标志或品牌商标）为核心的。

本章重点

- ◆ 关于企业VI
- ◆ 办公应用系统——名片
- ◆ 知识链接——"投影"命令

效果展示

14.1 关于企业VI

　　VI是CIS企业识别系统的构成要素之一。CIS企业识别系统还有两大构成要素，分别是理念识别（MI）和行为识别（BI），再加上视觉识别（VI），三者相辅相成，共同塑造企业独特的风格和形象，确立企业的主体特征。

14.1.1　企业识别系统构成要素的概述

　　MI是整个CIS系统的核心和原动力，因为它具有规划企业精神、制订经营策略和决定企业性格等功能。

　　BI是以明确、完善的企业经营理念为核心，制订企业内部的制度与行为等。另外，企业的社会公益活动、赞助活动和公共关系等动态识别也属于行为识别的范围。

　　VI是CIS的静态识别，它透过一切可见的视觉符号对外传达企业的经营理念与情报信息。在CIS系统中，VI是提高企业知名度和塑造企业形象最直接、最有效的方法。它能够将企业识别的基本精神及其差异性充分地表现出来，从而使公众识别并认知。

　　在企业内部，VI通过标准识别来划分和产生区域、工种类别，统一视觉要素，从而有利于规范化管理和增强员工的归属感，如图14-1所示为企业工作牌。

图14-1　企业工作牌

14.1.2　VI的构成要素

　　VI一般分为基本设计系统和应用设计系统两大类。其中，基本设计系统是树根，而应用设计系统是树叶，是企业形象的传播媒体。

1. 基本设计系统

　　基本设计系统包括企业名称、企业形象标志（商标）、企业标准字体、企业标准色、企业象征纹样等。这些基本要素是企业VI设计的基础，是表达企业经营理念的统一性设计要素。

在基本设计系统中又以标志、标准字体、标准色为核心，一般将其称为"VI的三大核心"。整个VI设计系统完全建立在这三大核心的基础之上，而标志又是其核心之核心，它是促发和形成所有视觉要素的主导力量。

2. 应用设计系统

作为设计的基本元素，基本设计系统的内容最终是为应用项目服务的，即为VI应用设计系统服务，其中包括企业办公用品、旗帜、员工服装、广告宣传、交通运输、环境展示等。这是一个庞大的系统，它包括所有视觉所及的传达物。

（1）办公用品系统。

办公用品系统属于VI设计的应用系统，其设计应充分体现出强烈的统一性和规范性，传达企业文化和企业精神。

在VI设计中，办公用品的设计应严格规定版式构成、排列形式、文字格式及色彩等。将企业标志、标准字体、标准色等作为主要元素，应用于办公用品系统的设计中，以形成办公用品系统的完整视觉形象，并向各个领域渗透、传播，展示企业正规的管理、卓越的企业文化和经营理念。

办公用品包括名片（如图14-2所示）、信封、信纸、便笺、传真纸、公文袋、专用笔、胶带机、发票、预算书、介绍信及合同书等。

图14-2　名片

（2）旗帜系统。

旗帜是一种非常有感召力的标志物。使用旗帜，可以将企业色、标志、名称等基本要素进行充分的展示，并可产生明显的效果，如企业门前飘扬的司旗、办公桌上的桌旗、道路两边的竖旗、庆典活动中的吊旗（如图14-3所示）等。旗帜的种类、样式非常丰富，可根据企业特点和需求进行设计。

图14-3　吊旗

（3）环境展示系统。

环境展示系统是企业形象在公共场所的视觉再现，是表示商品和企业存在的标志，有利于展示企业的整体形象。

环境展示包括户外和室内两部分，户外部分包括橱窗、挂旗、大型招牌、户外广告、灯箱和路杆广告（如图14-4所示）等；室内部分包括企业形象墙、大堂内的楼层分布图、楼梯间的楼层标志、指路标志牌、分区标志牌、警示牌及广告塔等。

（4）服装系统。

服装系统也是VI设计的重要应用要素之一，它是以服装作为宣传媒介，对外传递企业形象，对内体现管理的规范化。对员工的服装服饰进行统一设计，可以提高企业员工的归属感、荣誉感和凝聚力，改变员工的精神面貌，从而有效地提高工作效率和增强员工对企业的责任心。

VI设计中的服装系统设计并不是服装设计，而是规定企业服装的总体风格和特征，根据不同员工的工作范围、性质和特点，设计与不同岗位相称的服装，主要有经理服装、管理人员服装（如图14-5所示）、员工服装、T恤、领带、工作帽等。在设计员工服装时，主要设计要素为企业标志、企业名称、标准色、广告语，以及专用衣扣、领带、皮带等。

图14-4　路杆广告

图14-5　工作制服

14.1.3　VI手册的编制内容

一般来说，一部完整的VI手册包括基本设计要素和应用设计要素两大部分。基本设计要素由企业名称、企业标志、标准字体、企业专用印刷字体、企业标准色、企业象征造型图案等组成；应用设计要素包括办公用品、招牌、旗帜、员工服装、建筑物、室内外装饰、交通工具、包装用品、广告、宣传品、展览等。

1. 手册的编辑意义

在完成VI系统的设计开发后，应编制一套规范而有效的手册，作为VI系统导入运作的指南、VI实施的技术保障和理论依据，以及众多项目有序工作的条理化保证。

VI手册不仅提供了企业今后对外的形象识别系统，也是实际实施作业时执行水平标准化的关键。因此，手册的制订一定要严格、谨慎，全面、细致，不得随意更改，以保证企业企业形象的完整和统一，避免产生误导问题。

2. 手册的编辑形式

由于各企业的性质不同、规模不一，VI设计内容的侧重也就有所不同，成册时可采用单册或多册的形式。对于VI设计项目不是很多的企业，一般可采用基本设计要素部分和应用设计要素部分合编成册的方式；而对于那些规模较大的企业、集团公司，则可根据VI应用项目的类别分成几本分册，然后与企业基本设计要素系统规范手册一起编制成一整套VI手册集。

3. 手册的编辑原则

在制订VI手册时，企业理念载体的视觉设计应充分发挥作用。VI手册的设计风格应该与企业视觉形象的特点保持一致，要通过手册的版面编排，将设计意图充分地体现出来。

在应用项目标准的制订中，应采用统一规格、统一单位，避免杂乱无序，影响实施工作。

4. 手册中的设计规定

为了给VI的实施工作提供详尽的标准，在VI手册中应注明各项目的具体制作要求。

在项目实施时，将根据实际情况，具体问题具体对待。但在手册中，仍然可以制订诸如以下一些原则性的标准。

（1）有效传达企业理念的原则。

（2）强化视觉冲击的原则。

（3）强调人性化的原则。

（4）简洁、明快的原则。

（5）增强民族个性与尊重民族风俗的原则。

（6）遵守法律法规的原则。

专家提醒

在CIS系统的整个结构中，MI是核心部分，是精神实质，是根基，能够为CIS吸取营养，是指导CIS方向的依托；BI是企业规定对内及对外的行为标准，是企业形象的载体，是传递CIS的媒介物，是架设在MI、VI之间的桥梁；VI是外在的具体形式和体现，是最直观的部分，它以形式美感染人、吸引人，是人们最容易注意到并形成形象记忆的部分。

14.2 办公应用系统——名片

本案例设计的是一款企业VI的名片，效果如图14-6所示。

图14-6 名片

14.2.1 制作正面效果

制作名片正面效果的具体操作步骤如下。

步骤01 按Ctrl + N组合键，新建一个名为"名片"的A4大小的横向的图像文件，如图14-7所示，单击"确定"按钮。

步骤02 选择工具箱中的"圆角矩形工具" ，绘制一个"宽度"为9.6cm、"高度"为5.6cm、"圆角半径"为1cm的圆角矩形，如图14-8所示。

图14-7 新建文件

图14-8 绘制圆角矩形

步骤03 使用"转换锚点工具" ，将圆角矩形左下角和右上角的曲线锚点转换为直线锚点，再使用"直接选择工具" 调整锚点的位置，效果如图14-9所示。

步骤04 执行"文件" | "置入"命令，在弹出的"置入"对话框中选择需要置入的文件，单击"置入"按钮，即可将文件置入于新建的文件中，再分别调整所置入图形的位置与大小，效果如图14-10所示。

步骤05 选择工具箱中的"钢笔工具" ，设置"描边"为浅灰色（#EFEFEF）、"描边粗细"为0.706mm，如图14-11所示。

步骤06| 绘制三条不同弯曲程度的曲线和一条直线，并对线条进行适当的调整，效果如图14-12所示。

图14-9　转换锚点并调整位置

图14-10　置入图形并调整位置

图14-11　设置属性

图14-12　绘制曲线和直线

步骤07| 选择工具箱中的"文字工具" ，确认文字的输入点后，在工具属性栏中设置"字体"为"隶书"、"字体大小"为20pt，输入姓名"于海平"，效果如图14-13所示。

步骤08| 选择工具箱中的"文字工具" ，在工具属性栏中设置"字体"为"华文楷体"、"字体大小"为8pt，输入职位"行政总监"，效果如图14-14所示。

图14-13　设置并输入文字

图14-14　设置并输入文字

步骤09| 选择工具箱中的"文字工具" ，确认文字的输入点后，在"字符"面板中设置"字体"为"华文隶书"、"字体大小"为12pt、"字距调整"为50，输入企业名称"凤舞影视传媒制作公司"，效果如图14-15所示。

步骤10| 选择工具箱中的"文字工具" ，在"字符"面板中设置"字体"为"宋体"、"字体大小"为6.5pt，输入地址、电话、传真和E-mail；选择需要对齐的文字，单击"对齐"面板中的"水平左对齐"按钮 ，再根据名片的要求，对文字位置进行适当调整，效果如图14-16所示。

图14-15 设置并输入文字

图14-16 设置并输入文字

专家提醒

　　在置入的标志中的企业名称已经被创建为轮廓，因此称之为"图形"，调整其大小的方法与调整图形大小的方法一样。

14.2.2 制作背面效果

　　制作名片背面效果的具体操作步骤如下。

步骤01| 选择名片正面效果中的名片图形和三条曲线，按住Alt键拖动鼠标指针至合适的位置后，释放鼠标左键，即可复制所选择的图形和曲线。选择工具箱中的"镜像工具" ，按Shift+Alt组合键，弹出"镜像"对话框，设置"角度"为90°，如图14-17所示。

步骤02| 单击"确定"按钮，即可将复制的图形和曲线进行镜像，效果如图14-18所示。

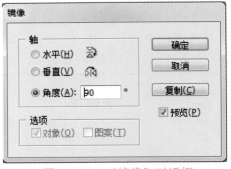

图14-17 "镜像"对话框

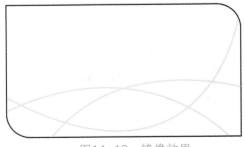

图14-18 镜像效果

步骤03| 复制企业标志，并对标志的位置与大小进行适当的调整，选择名片图形和企业标志后，使其水平居中对齐，效果如图14-19所示。

步骤04| 选择工具箱中的"文字工具" T ，在"字符"面板中设置"字体"为"华文行楷"、"字体大小"为10pt、"字距调整"为50，如图14-20所示。

步骤05| 输入文字"以视野观天下　以科技纵驰骋"，调整文字在名片中的位置，效果如图14-21所示。

步骤06| 按Ctrl + O组合键，打开一幅素材图像，将其复制、粘贴至"名片"文件的工作窗口中，并将其移至图像的最底层，调整名片正面和名片背面的位置和角度。选择名片背面，执行"效果"|"风格化"|"投影"命令，弹出"投影"对话框，单击"确定"按钮，即可对名片背面添加投影效果，效果如图14-22所示。

图14-19　水平居中对齐　　　　　　　　　图14-20　设置属性

图14-21　输入并调整文字　　　　　　　图14-22　制作效果

技巧点拨

　　在对输入的文字进行属性设置时，可以直接在工具属性栏中单击"字符"面板的图标，弹出"字符"面板，然后对所选择的文字进行设置。

14.3　知识链接——"投影"命令

　　使用"投影"命令，可以为对象添加阴影效果。

　　在当前工作窗口中选择对象，执行"效果"｜"风格化"｜"投影"命令，弹出"投影"对话框，如图14-23所示。

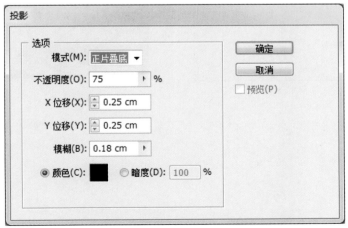

图14-23　"投影"对话框

该对话框中主要参数的含义如下。

- 模式：在该下拉列表框中可以选择阴影效果的混合模式。
- 不透明度：用于设置阴影效果的不透明度百分比数值。
- X位移、Y位移：在其右侧输入所需的数值，可以设置阴影偏离对象的距离。数值越大，阴影偏移对象越远。
- 模糊：用于设置阴影的模糊程度。数值越大，阴影越模糊，扩散范围越广。
- 颜色：单击该单选按钮，可以设置阴影的颜色。单击右侧的色块，弹出"拾色器"对话框，在其中可以设置颜色。
- 暗度：单击该单选按钮，可以设置为阴影添加的黑色深度的百分比。

制作投影效果的具体操作步骤如下。

步骤01 按Ctrl＋O组合键，打开一幅素材图像，如图14-24所示。

步骤02 选择工具箱中的"选择工具" ，移动鼠标指针至当前工作窗口，选择如图14-25所示的图形。

图14-24　素材图像

图14-25　选择图形

步骤03 执行"效果"｜"风格化"｜"投影"命令，弹出"投影"对话框，设置该对话框中的参数，如图14-26所示，单击"确定"按钮，即可制作投影效果，如图14-27所示。

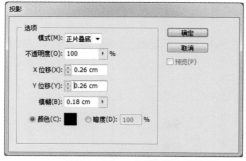

图14-26　"投影"对话框

图14-27　投影效果

第15章
企业信封设计

　　信封，是人们用于邮递信件、保护信件内容的一种形式，也是展示企业文化的一种形式。企业的专用信封、专用信纸能淋漓尽致地体现一家公司的风格与活力。

本章重点

- ◆ 关于信封
- ◆ 企业信封设计——《凤舞》信封
- ◆ 知识链接——标尺

效果展示

FENGWUYINGSHICHUANMEI

风舞影视传媒制作公司
FENGWU YINGSHI CHUANMEI ZHIZUO GONGSI

地址:长沙市天心区旺旺东102号
电话:56***55　　传真:56***54
网址:www.fengwu.com(网络实名:风舞影视网)

15.1 关于信封

信封是行政应用系统中的一种，也属于办公用品，与企业公文笺、文件、文件夹、档案袋等属于一类。

15.1.1 信封的品种及规格

现在的标准信封多已印好书写格式，只要根据提示写好收信人的邮政编码、地址、姓名和寄信人的邮政编码、地址、姓名（或姓氏），并贴好足额的邮票，即可邮寄信件。信封常用纸张有80～150g的双胶纸、牛皮纸（本色牛皮纸、白色牛皮纸），根据不同的功用，也有用艺术纸、铜版纸等。如表15-1所示为信封的品种及规格。

表15-1 信封的品种及规格

品 种	代 号	规 格		误 差	备 注
		长L	宽B		
国内信封	B6	176	125	±1.5	C5、C4信封可有起墙和无起墙两种。起墙厚度不大于20mm
	DL	220	110		
	ZL	230	120		
	C5	229	162		
	C4	324	229		
国际信封	C6	162	114		
	DL	220	110		
	C5	229	162		
	C4	324	229		

专家提醒

230mm×120mm规格的信封一般适用于自动封装的商业信函和特种专用信封。

15.1.2 信封的设计规范

信封一律采用横式，国内信封的封舌应该在正面的右侧或上方，国际信封的封舌应该在正面的上方。很多广告设计公司、平面设计公司、品牌设计公司里的初级设计师为了最大程度地保证视觉上的美观，忽略了常规信封的设计标准，导致最后设计出来的信封达不到国家规定的要求，无法邮寄信件而被退回。如图15-1所示为某演艺公司的企业信封。

下面总结一些标准信封的设计规范。

（1）标准信封左上角收信人邮政编码框格的颜色为金红色，色标为PANTONE1795C，在绿光下与底色的对比度应大于58%，在红光下与底色的对比度应小于32%。

（2）标准信封正面左上角距左侧边缘90mm、距上方边缘26mm的范围内为机器阅读扫描区，除红框外，不得印制任何图案和文字。

图15-1 企业信封

（3）标准信封背面右下角应印有印制单位、数量、出厂日期、监制单位和监制证号等内容，也可以印刷印制单位的电话号码，字体应采用宋体，字号小于五号。

（4）标准信封正面右下角应印有邮政编码字样，字体采用宋体，字号为小四号。

（5）标准信封右上角应印有贴邮票的框格，框格内应印"贴邮票处"四个字，字体采用宋体，字号为小四号。

（6）凡需要在信封上印寄信单位名称和地址的，可以同时印制企业标识，其位置必须在离底端边缘20mm以上、靠右侧边缘的位置。

（7）标准信封正面距右侧边缘55～160mm，距底端边缘20mm以下的区域为条码打印区，此区域应保持空白。

（8）标准信封的任何地方不得印制广告。

（9）国内信封上可印制美术图案，其位置在信封正面离上方边缘26mm以下的左侧区域，占用面积不得超过正面面积的18%，超出美术图案的区域应保持信封用纸的原色。

（10）标准信封的框格、文字等应印刷完整、准确，墨色均匀、清晰，无缺笔、断点。

遵循以上标准信封的设计规范，不仅符合国家对信封的邮寄标准，而且对信封的印刷制作也起到了很好的作用。

15.2 企业信封设计——《凤舞》信封

本案例设计的是一款《凤舞》信封，效果如图15-2所示。

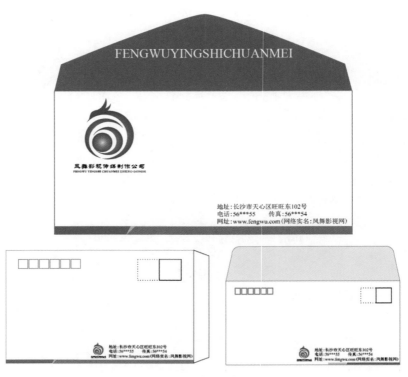

图15-2 《凤舞》信封

■ 15.2.1 制作封面轮廓

制作信封封面轮廓的具体操作步骤如下。

步骤01 按Ctrl + N组合键，新建一个名为"信封"的CMYK模式的图像文件，设置"宽度"为15cm、"高度"为10cm，单击"确定"按钮。执行"视图"|"标尺"|"显示标尺"命令显示标尺，在水平标尺上拖出一条水平参考线，效果如图15-3所示。

步骤02 依次在当前工作窗口中拖出其他参考线，效果如图15-4所示。

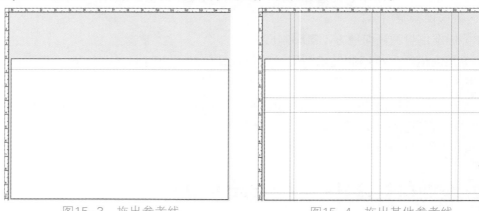

图15-3 拖出参考线　　　　　　　图15-4 拖出其他参考线

步骤03 选择工具箱中的"矩形工具" ▭，在工具属性栏中设置"填色"为白色、"描边"为黑色、"描边粗细"为0.176mm，移动鼠标指针至当前工作窗口，在窗口中根据添加的参考线单击鼠标左键并进行拖动，绘制一个如图15-5所示的矩形。

步骤04 参照上述操作，在绘制的矩形的下方绘制一个"填色"为红色（#E60012）、"描边"为"无"的矩形，效果如图15-6所示。

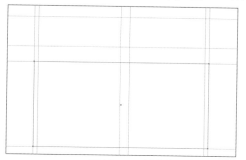

图15-5 绘制矩形

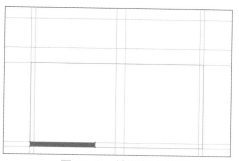

图15-6 绘制红色矩形

步骤05 选择工具箱中的"钢笔工具" ，在工具属性栏中设置"填色"为蓝色（#00A0E9）、"描边"为"无"，移动鼠标指针至当前工作窗口，在红色矩形的上方单击鼠标左键以确定起始点，按住Shift键向右移动鼠标指针，单击鼠标左键，绘制一条直线，效果如图15-7所示。

步骤06 依次在不同的位置处单击，绘制一个闭合图形，效果如图15-8所示。

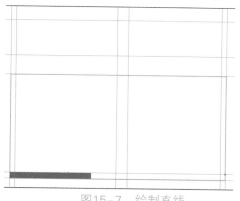

图15-7 绘制直线

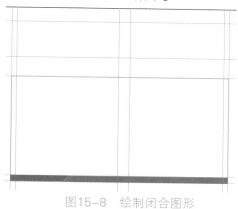

图15-8 绘制闭合图形

步骤07 双击"填色"色块，弹出"拾色器"对话框，设置"填色"为灰色（#BFC0C0），如图15-9所示。

步骤08 在红色图形和蓝色图形的相接处绘制一个闭合图形，此时的图形效果如图15-10所示。

图15-9 设置颜色

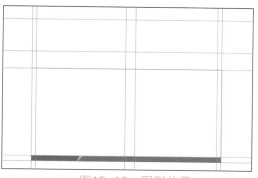

图15-10 图形效果

15.2.2 制作封盖轮廓

制作信封封盖轮廓的具体操作步骤如下。

步骤01 | 选择工具箱中的"钢笔工具" ，设置"填色"为"无"、"描边"为红色（#E60012）、"描边粗细"为0.353mm，如图15-11所示。

步骤02 | 移动鼠标指针至当前工作窗口，在绘制的图形的左上角单击鼠标左键以确定起始点，向上移动鼠标指针，单击鼠标左键并进行拖动，绘制一条曲线，再次向上移动鼠标指针，单击鼠标左键并进行拖动，绘制一条如图15-12所示的开放路径。

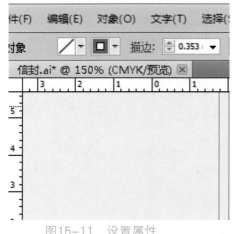

图15-11 设置属性

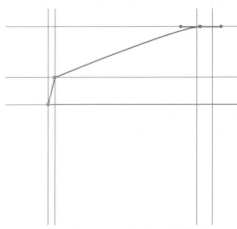

图15-12 绘制开放路径

步骤03 | 依次在不同的位置处单击鼠标左键，当起始点与终点重合且鼠标指针呈 形状时，单击鼠标左键，绘制一条闭合路径，效果如图15-13所示。

步骤04 | 保持所绘制的路径处于被选择状态，单击工具箱中的"互换填色和描边"按钮 ，将图形的填充色和描边色互换，效果如图15-14所示。

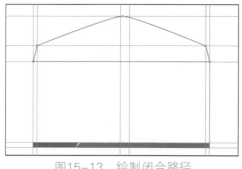

图15-13 绘制闭合路径

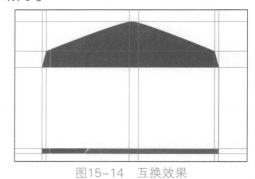

图15-14 互换效果

15.2.3 添加标志和文字

添加信封标志和文字的具体操作步骤如下。

步骤01 | 按Ctrl + O组合键，打开一幅素材图像，如图15-15所示。

步骤02 | 移动鼠标指针至当前工作窗口的左上角，单击鼠标左键并向外拖动至窗口的右下角，释放鼠标左键，选择窗口中的全部图形，按Ctrl + C组合键复制选择的图形，确认"信封"文件为当前工作文件，按Ctrl + V组合键粘贴选择的图形；运用工具箱中的"选择工

具"![指针]，在当前工作窗口中调整图形的大小及位置，效果如图15-16所示。

图15-15 素材图像

图15-16 调整图形的大小及位置

步骤03| 选择工具箱中的"文字工具"![T]，设置"填色"为白色、"字体"为"Times New Roman"、"字号"为14pt，如图15-17所示。

步骤04| 移动鼠标指针至当前工作窗口，在红色图形的中央位置单击鼠标左键以确定插入点，输入拼音"FENGWUYINGSHICHUANMEI"，效果如图15-18所示。

图15-17 设置属性

图15-18 输入文字

步骤05| 选择工具箱中的"文字工具"![T]，设置"填色"为黑色（#231815）、"字体"为"宋体"、"字号"为7pt，如图15-19所示。

步骤06| 移动鼠标指针至当前工作窗口以确定插入点，输入公司的地址、电话、传真、网址，效果如图15-20所示。

图15-19 设置属性

图15-20 输入文字

步骤07 执行"视图"|"参考线"|"隐藏参考线"命令，隐藏当前工作窗口中的参考线，此时的图形效果如图15-21所示。

图15-21 图形效果

效果延伸

可以参照上述方法，制作出其他样式的信封，效果如图15-22所示。

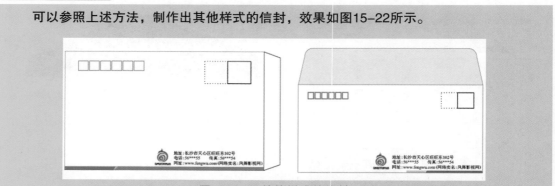

图15-22 其他样式的信封

15.3 知识链接——标尺

在Illustrator中，标尺的用途是为当前对象做参照，用于度量对象的尺寸，同时对对象进行辅助定位，使对象的设置或编辑更加方便、准确。下面将对其进行详细的介绍。

15.3.1 设置坐标原点

在Illustrator中，水平与垂直标尺上标有"0"的相交点处，被称为"标尺坐标原点"。系统默认情况下，标尺坐标原点的位置在工作窗口的左上角，当然，用户可以根据自己的需要自行定义标尺的坐标原点。

如果想定义标尺的坐标原点，可移动鼠标指针至标尺的x轴和y轴的原点位置（如图15-23所示），然后按住鼠标左键，拖动鼠标指针至适当的位置（如图15-24所示），释放鼠标左键后，标尺的坐标原点会被定位在释放鼠标左键的位置处，如图15-25所示。在拖动前的坐标原点位置处双击鼠标左键，即可恢复坐标原点的默认位置。

图15-23 移动鼠标指针至坐标原点位置

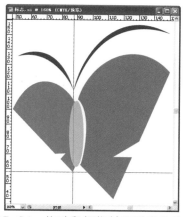
图15-24 拖动鼠标指针至适当的位置

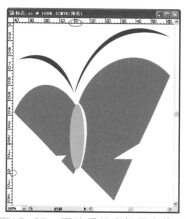
图15-25 更改后的坐标原点位置

15.3.2 设置标尺的单位

在默认情况下，标尺的度量单位为毫米。如果想要修改标尺的度量单位，可以执行"编辑"|"首选项"|"单位和显示性能"命令，弹出"首选项"对话框，在该对话框中"常规"选项右侧的下拉列表框中选择所需要的标尺单位，如图15-26所示，单击"确定"按钮，即可更改标尺的度量单位。

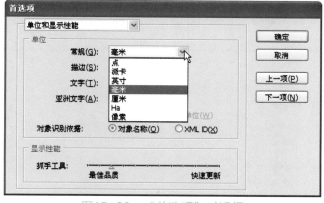
图15-26 "首选项"对话框

在Illustrator中，除了上述介绍的标尺度量单位的设置方法外，还可以在当前工作窗口中水平标尺或垂直标尺的任意区域处单击鼠标右键，在弹出的快捷菜单中选择需要的标尺度量单位，如图15-27所示。

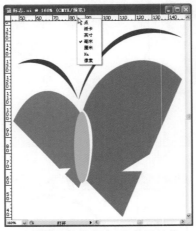

图15-27　选择标尺度量单位

15.3.3　显示与隐藏标尺

执行"视图"|"显示标尺"命令或按Ctrl＋R组合键，即可在当前工作窗口中显示标尺，如图15-28所示；再次执行"视图"|"显示标尺"命令或按Ctrl＋R组合键，即可隐藏标尺，如图15-29所示。

图15-28　显示标尺

图15-29　隐藏标尺

第16章
商业文字设计

　　在平面设计中，文字是不可缺少的元素，它直接传达着设计师的意图。因此，对文字的设计与编排是不容忽视的。Illustrator提供了强大的文本处理功能，可以满足不同版面的设计需要，用户不但可以在工作窗口中创建横排或竖排的文本，也可以对文本的属性进行编辑，如字体、字号、字间距、行间距等，还可以将文本置于路径图形中。

 本章重点

- ◆ 关于商业文字
- ◆ 商业文字设计——霓虹灯文字
- ◆ 知识链接——晶格化工具

效果展示

16.1 关于商业文字

　　商业文字的设计不仅是一门学科，同时也是一门艺术，它集科学、经济、技术、文化于一体，具有传统广告所不具有的新的内涵和特点。每个想要从事商业设计工作的人都应该了解商业文字设计的相关知识，这样有助于更早、更快地走进商业设计圈，进入商业设计师的角色。

16.1.1　文字的概念

　　文字是人类用来记录语言的符号，是文明社会产生的标志。文字在发展早期都是图画形式的表意文字（象形文字），发展到后期，除汉字外多成为记录语音的表音文字。我国的汉字大体经历了甲骨文、金文、小篆、隶书、楷书、行书、草书等发展阶段。另外，我国少数民族文字如藏文、蒙文等，特殊文字如盲文、手语文字等也经历了漫长的发展历史。如图16-1所示为商业文字。

图16-1　商业文字

专家提醒

　　文字在语言学中指书面语的视觉形式，古代把独体字称为"文"，把合体字称为"字"，如今联合起来称为"文字"，其中文字的基本个体被称为"字"。在日常生活中，"文字"还可以指书面语、语言、文章、字等。

16.1.2　商业设计要素

　　人们对事物的感知一般可以分为视觉、听觉、嗅觉、触觉及味觉五种类型。商业设计属于视觉感知。据有关数据统计，人们每天接触的事物信息有70%是通过视觉获得的，由此可见，商业设计对人们的生活会产生一定的影响力，它是人们生活的重要组成部分。

1. 文字要素

文字是设计中不可缺少的构成要素，配合图形要素，共同实现设计的主题创意，具有引起注意、传播信息及说服对象的作用。

（1）文字要素的作用。

1）标题：即广告的题目，是文字要素中的关键元素，起到引起人们兴趣与注意、引导正文阅读等作用。在编排标题时，可以根据不同主题，配合造型的需要，选用不同的字体、字号，运用视觉语言艺术吸引人们的视线，从标题自然地转向图形和正文。如图16-2所示为某饰品城的商业文字。标题文案的视觉效果创作是设计创意的一个方面，而标题文案的文字效果创作是设计创意的另一个方面。它是决定整个设计主题是否能够引起人们关注的关键。标题文案的类型可以分为以下三种。

图16-2　商业文字

①直接标题型：直截了当、简明确切地说明广告内容的核心。

②间接标题型：不直接说明广告的主题，而是通过图形或充满情趣、哲理的语句来引导人们关注正文设计内容的核心。

③复合标题型：是直接与间接型标题文案的综合使用，采用正副标题结合的方式，即点明主题又充满情趣。如图16-3所示为房地产广告。

图16-3　房地产广告

2）正文：即广告所宣传商品的说明文。它详细地叙述商品信息，包括商品功能、疑问的解答等。正文内容的撰写一般采用具有亲和力的日常用语，简单、易懂，生动、形象、贴切，使人们很容易信任商品，从而达到广告宣传的目的。在编排正文时一般采用集中密集排列的方式，将其放置在整幅画面的下方，也可以将其放置在左侧或右侧位置。有时根据画面特殊效果的需要，可以将正文摆放在画面上方的位置。

3）广告语：也被称为"标语"，可以在整体设计策略中反复使用，以体现商品的文化特性或商品本身的特征，进而吸引人们的注意。广告语的文字应具有易懂、好记等特质。押韵顺口、富有情感的广告语，常常能给人留下深刻的印象，如"今年过节不收礼，收礼只收……"。在编排广告语时，可将其放置在版面的任何位置，但是需要注意与标题、正文文字的搭配。如图16-4所示为汽车广告。

图16-4　汽车广告

4）注释：常被用于标注公司名称、地址、邮编、电话号码及传真号码等内容，有时也被用于一些特殊事项的说明解释，这样可以方便人们进行联系以购买商品。一般将注释放置在整幅画面的下方或次要位置。

（2）文字要素的表现形式。

标题的形式大体可以分为十一种，下面分别简要介绍它们的作用。

1）悬念式：设有悬念情景，使人产生好奇，引起人们的关注。

2）赞扬式：称赞商品的长处与优点，但要符合实际。

3）承诺式：用坦诚的语言、诚恳的态度告诉人们该商品能给他们带来的好处。

4）记事式：如实将广告的正文要点进行简要地说明。

5）间接式：运用含蓄的语言方式表达主题。

6）疑问式：以疑问句的方式（如"为什么？""怎么办？"）引起人们的思考与共鸣。

7）荒诞式："荒诞"一词的解释为"不实在、不符合情理"，这里是指用夸张的言语说明商品的特性或价值。只要运用得当，荒诞的方式也会给人以真实、可信的认同感。

8）比较式：以消费者的角度出点子、提建议，以博得他们的信任。

9）新闻式：以发布新闻的方式向人们提供信息，强调新闻的特点。

10）重复式：以某些文字重复出现的方式，刺激人们的视觉记忆，以达到增强商品名称熟悉度的目的。

11）诉求式：用劝勉、希望及呼吁的方式，催促人们采取相应的行动。

2. 色彩要素

色彩在商业设计中具有直接刺激视觉的作用。它与人们的生理和心理反应密切相关。人们对设计的第一印象往往是通过色彩感受获得的。艳丽、典雅及灰暗的色彩组合，会影响人们对设计内容的注意力；鲜艳、明快及和谐的色彩组合，会对人们产生较为直接的吸引力；陈旧、破碎及不协调的色彩组合，最终会导致人们对整个设计内容产生抵触的情绪。因此，色彩在商业设计中有着特殊的诉求力。如图16-5所示为钻戒广告。

图16-5　钻戒广告

（1）色彩要素的设计。

对于现代商业设计的色彩、图形及文案这三大要素来说，图形与文案都不能离开色彩的表现，色彩传达从某种意义上来说是第一位的。

色彩在商业设计中常常与广告的主题和创意相配合。要想使用好色彩，首先必须认真分析研究色彩的各种因素。由于生活经历、年龄、文化背景、风俗习惯和生理反应等的差别，人们对色彩的感知会有一定的主观性。同时，对色彩的象征、情感的倾向，人们的感知又有着许多共性。因此，在色彩的配置、色彩的对比、用色面积的对比、色彩的混合调和、色块的面积调和、色彩的明度调和、色彩的色相调和、色彩的倾向调和等方面，需要设计师保持整体画面色彩的均衡性、响应性及条理性。如果所定位的是个性突出的商品，就需要设计师刻意地强调商品的形象色。如图16-6所示为产品包装。

图16-6　产品包装

（2）色彩在广告中的功能。

传达色彩要素的目的，在于可以充分体现商品、企业的个性特征与功能，满足商品消费者的审美情趣。运用色彩的设计创意，产生一种更集中、更强烈、更单纯的商品形象，加深人们对广告的认知程度，以达到信息传播的最终目的。

16.2 商业文字设计——霓虹灯文字

本案例设计的是一款霓虹灯文字，效果如图16-7所示。

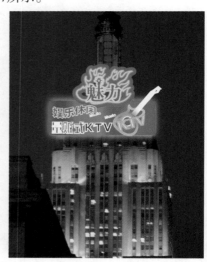

图16-7 霓虹灯文字

16.2.1 绘制背景图形

绘制霓虹灯文字背景图形的具体操作步骤如下。

步骤01 按Ctrl + N组合键，新建一幅名为"霓虹灯文字"的CMYK模式的图像文件，设置"宽度"为24cm、"高度"为20cm，如图16-8所示，单击"确定"按钮。

步骤02 选择工具箱中的"矩形工具"，在工具属性栏中设置"填色"为黑色，"描边"为"无"，移动鼠标指针至当前工作窗口，在窗口中页面的左上角处向右下角拖动，绘制一个与文件页面同样大小的矩形，效果如图16-9所示。

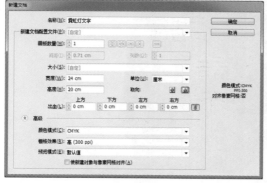

图16-8 新建文件

图16-9 绘制矩形

步骤03| 在工具属性栏中设置"填色"为白色，然后在当前工作窗口中的合适位置处单击鼠标左键，在弹出的"矩形"对话框中设置"宽度"为20cm、"高度"为6.8cm，如图16-10所示。

步骤04| 单击"确定"按钮，即可绘制一个白色矩形，效果如图16-11所示。

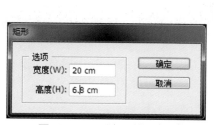

图16-10 "矩形"对话框

图16-11 绘制矩形

步骤05| 选择工具箱中的"选择工具" ，在当前工作窗口中选择白色的矩形，执行"编辑"|"复制"命令，如图16-12所示，复制选择的矩形，按Ctrl + B组合键，将复制的矩形粘贴至原矩形的下方。

步骤06| 执行"效果"|"模糊"|"高斯模糊"命令，在弹出的"高斯模糊"对话框中设置"半径"为32.0像素，单击"确定"按钮，效果如图16-13所示。

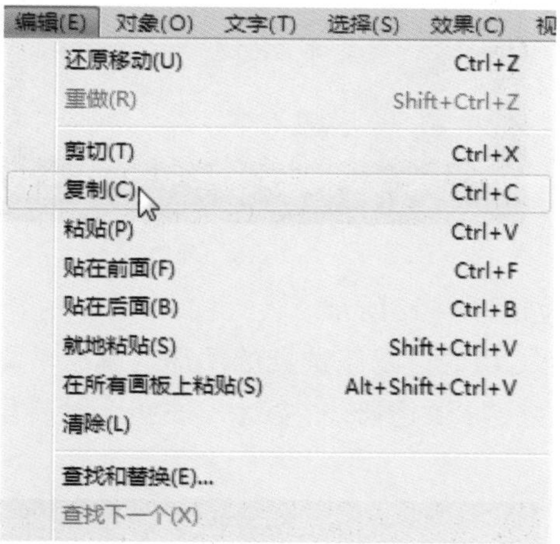

图16-12 执行命令

图16-13 高斯模糊效果

步骤07| 选择工具箱中的"直线段工具" ，在工具属性栏中设置"填色"为"无"、"描边"为红色（CMYK的参考值为0、100、100、0）、"描边粗细"为2.117mm，移动鼠标指针至当前工作窗口，在窗口中白色矩形最左侧的上方单击鼠标左键并进行拖动，绘制一条直线段，效果如图16-14所示。

步骤08| 在工具属性栏中设置"描边"分别为绿色（CMYK的参考值为80、0、100、0）、蓝色（CMYK的参考值为100、0、0、0）、洋红色（CMYK的参考值为0、100、0、0）、红色，然后运用上述绘制直线段的方法，在当前工作窗口中的合适位置处绘制另外的直线段，效果如图16-15所示。

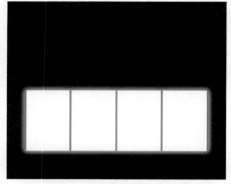

图16-14　绘制直线段　　　　　　　　　　　图16-15　绘制其他直线段

步骤09| 选择工具箱中的"选择工具" ，在当前工作窗口中按住Shift键依次选择绘制的直线段，然后执行"对象"|"混合"|"混合选项"命令，在弹出的"混合选项"对话框中设置"指定的步数"为20，如图16-16所示，单击"确定"按钮。

步骤10| 执行"对象"|"混合"|"建立"命令，将选择的图形进行混合，效果如图16-17所示。

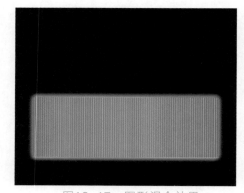

图16-16　"混合选项"对话框　　　　　　　图16-17　图形混合效果

步骤11| 按Ctrl + O组合键，打开一幅素材图形，如图16-18所示。

步骤12| 按Ctrl + A组合键选择全部图形，按Ctrl + C组合键复制选择的图形，确认"霓虹灯文字"文件为当前工作文件，按Ctrl + V组合键粘贴选择的图形，按Ctrl + G组合键将复制、粘贴的图形进行编组，效果如图16-19所示。

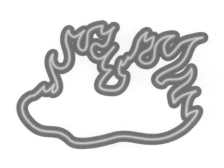

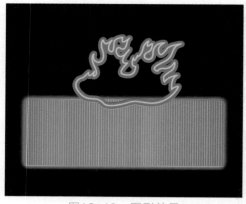

图16-18　素材图形　　　　　　　　　　　图16-19　图形效果

16.2.2　绘制图形元素

绘制霓虹灯文字图形元素的具体操作步骤如下。

步骤01| 选择工具箱中的"文字工具" T，在工具属性栏中设置"填色"为"无"、"描边"为淡黄色（CMYK的参考值为0、4、27、0）、"描边粗细"为0.353mm；在"字符"面板中设置"字体"为"创艺简标宋"、"字体大小"为93pt，如图16-20所示。

步骤02| 移动鼠标指针至当前工作窗口，在窗口中霓虹灯灯管的合适位置处单击鼠标左键以确认插入点，然后输入文字"魅力"，效果如图16-21所示。

图16-20　设置属性

图16-21　输入文字

步骤03| 选择工具箱中的"选择工具" ，在当前工作窗口中选择输入的文字，单击鼠标右键，在弹出的快捷菜单中选择"创建轮廓"命令，如图16-22所示。

步骤04| 在工具属性栏中单击"样式"右侧的下三角按钮，展开"图形样式"面板，在"图形样式库"菜单中选择"霓虹效果"命令，如图16-23所示。

图16-22　选择"创建轮廓"命令

图16-23　选择"霓虹效果"命令

步骤05| 在"霓虹效果"面板中选择"深黄色霓虹"样式，应用图形样式的文字效果如图16-24所示。

步骤06| 选择工具箱中的"文字工具" T，在工具属性栏中设置"填色"为红色、"描边"为"无"；在"字符"面板中设置"字体"为"创艺简标宋"、"字体大小"为

93pt，如图16-25所示。

图16-24 应用图形样式的文字效果

图16-25 设置属性

步骤07| 移动鼠标指针至当前工作窗口，在窗口中的合适位置处单击鼠标左键，然后输入文字"魅力"，效果如图16-26所示。

步骤08| 选择工具箱中的"选择工具" ，在当前工作窗口中选择输入的文字，执行"文字"|"创建轮廓"命令，将输入的文字转换为轮廓，然后单击鼠标右键，在弹出的快捷菜单中选择"编组"命令，如图16-27所示，将转换的对象进行编组。

图16-26 输入文字

图16-27 选择"编组"命令

步骤09| 选择工具箱中的"直接选择工具"，移动鼠标指针至当前工作窗口，在窗口中运用鼠标指针调整"魅"轮廓的锚点至合适位置，效果如图16-28所示。

步骤10| 在工具箱中选择"晶格化工具"，如图16-29所示。

图16-28 调整锚点

图16-29 选择工具

步骤11| 移动鼠标指针至当前工作窗口，在窗口中调整的对象处单击鼠标左键，在该单击处按住鼠标停顿一秒，此时的图形效果如图16-30所示。

步骤 12 选择工具箱中的"椭圆工具" 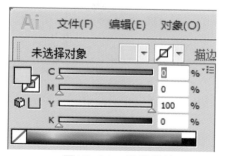，在工具属性栏中设置"填色"为黄色（CMYK 的参考值为0、0、100、0）、"描边"为"无"，如图16-31所示。

图16-30　晶格化效果

图16-31　设置属性

步骤 13 移动鼠标指针至当前工作窗口，在窗口中对象的合适位置处单击鼠标左键并进行拖动，绘制一个椭圆形，效果如图16-32所示。

步骤 14 单击"图层"面板底部的"创建新图层"按钮 ，新建"图层2"，如图16-33所示。

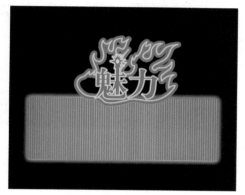

图16-32　绘制椭圆形

图16-33　新建图层

步骤 15 按Ctrl + O组合键，打开一幅素材图形，如图16-34所示。

步骤 16 选择打开的图形，按Ctrl + C组合键复制选择的图形，确认"霓虹灯文字"文件为当前工作文件，按Ctrl + V组合键粘贴选择的图形，效果如图16-35所示。

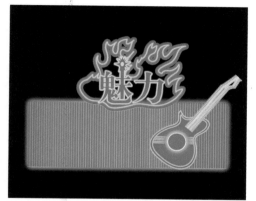

图16-34　素材图形

图16-35　复制、粘贴图形

16.2.3 绘制文字效果

绘制霓虹灯文字效果的具体操作步骤如下。

步骤01｜ 选择工具箱中的"文字工具" T ，在工具属性栏中设置"填色"为白色、"描边"为中黄色（CMYK的参考值为0、25、100、0）、"描边粗细"为1.058mm、"字体"为"方正粗倩简体"、"字体大小"为80pt，如图16-36所示。

图16-36　工具属性栏

步骤02｜ 移动鼠标指针至当前工作窗口，在窗口中吉他的合适位置处单击鼠标左键以确认插入点，然后输入文字"KTV"，效果如图16-37所示。

步骤03｜ 选择工具箱中的"选择工具" ，在当前工作窗口中选择输入的文字，然后将鼠标指针置于变换框外以适当地旋转文字，效果如图16-38所示。

图16-37　输入文字

图16-38　旋转文字

步骤04｜ 选择工具箱中的"文字工具" T ，在工具属性栏中设置"填色"为深蓝色（CMYK的参考值为100、100、0、0）、"描边"为白色、"描边粗细"为0.706mm；在"字符"面板中设置"字体"为"汉仪菱心体简"、"字体大小"为60pt、"垂直缩放"为120%，如图16-39所示。

步骤05｜ 移动鼠标指针至当前工作窗口，在窗口中霓虹灯背景图形的左侧最下方单击鼠标左键以确认插入点，然后输入文字"量贩式KTV"，效果如图16-40所示。

图16-39　设置属性

图16-40　输入文字

步骤06 运用上述输入文字的方法，在当前工作窗口中输入其他文字，最终效果如图16-41所示。

图16-41　最终效果

效果延伸

可以在本案例的制作基础上举一反三，如将本案例中的广告置于合适的位置，效果如图16-42所示。

图16-42　制作效果

16.3 知识链接——晶格化工具

使用"晶格化工具" 🖾 ，可以使对象的轮廓产生许多尖锐的锯齿形状。

步骤01 打开一幅素材图像，如图16-43所示。

步骤02 确定素材图像中左上角的椭圆形为被选择状态，选择工具箱中的"晶格化工具" 🖾 ，移动鼠标指针至当前工作窗口，在椭圆形的上方单击鼠标左键并进行拖动扭曲，如图16-44所示。

图16-43　素材图像

图16-44　拖动鼠标指针时的状态

步骤03| 拖动鼠标指针至合适的位置处释放鼠标左键，效果如图16-45所示。

步骤04| 重复步骤02～步骤03的操作，为对象进行其他变形，效果如图16-46所示。

图16-45　释放鼠标左键

图16-46　图形效果

第17章
商业挂历设计

挂历是20世纪80年代开始风靡国内的实用品之一，也是新年送礼的首选品。挂历的题材较为广泛，既不受国家计划的制约，又可以由设计师自由发挥，选题、印数基本上由挂历生产厂家决定。因此，利用挂历做广告成为许多商家的选择。

 本章重点

- ◆ 关于挂历
- ◆ 商业挂历设计——家在幸福里
- ◆ 知识链接——"变换"面板

效果展示

挂历的出版发行改变了中国传统的"历书"和"年历"的记时法。过去年末岁尾，家家户户买几张年历画贴在屋内，一贴一年，而挂历在一年十二个月中有十二张不同的画面，且美观、大方，月月给人以新鲜感，因此，挂历一上市就受到人们的喜爱。

■ 17.1.1 商业挂历的概念

"商业挂历"，简单来说，就是带有某企业或者产品广告的挂历。作为一种现代、新颖的广告载体，商业挂历具有廉价、色彩鲜艳和视觉效果良好等特点，其图案设计不受限制，结构可任意选择，美观、耐用，成为企业广告宣传的一种重要形式。商业挂历具有其他形式广告所不可比拟的优势。如图17-1所示为某试剂生产集团的商业挂历。

与20世纪八九十年代初挂历的鼎盛时期相比，如今的挂历市场发生了很大的变化，个人购买挂历的人数减少，主要是由一些企事业单位批量订购。企业将这些挂历作为小礼品赠送给员工、客户，于是挂历生产厂家在设计挂历时往往会预留出广告的位置。例如，500mm×1 200mm的挂历，每页下方都预留了500mm×250mm的广告位置，然后再按照需求在这些空白区域印上宣传语等。

图17-1　商业挂历

在印制挂历时通常不再收取额外的费用，礼品挂历很受企事业单位的欢迎，是目前挂历市场的主要销售途径。

■ 17.1.2 挂历的作用

挂历的雏形是一种"讨债本"，随着岁月的流逝，"讨债本"逐渐演变成为当今的挂历。挂历是历书与年画相结合的艺术品。如图17-2所示为挂历。

挂历的主要作用有以下几点。

（1）数码挂历：随着科学技术的飞速发展，数码产品越来越趋于平民化，拥有一本个性化的数码挂历已经不再是稀罕事。

（2）健康挂历：从开始记录每天日常，到渐渐记录体重、血压等健康指标，对于上了年纪且有慢性病的老人，还可以在日历中记下一些生活备注。

（3）纪念挂历：在具有特殊意义的年份制作纪念性质的

图17-2　挂历

挂历，让人们铭记历史、守护现在、展望将来。

17.1.3 挂历的制作

随着彩色印刷技术的发展，挂历的制作也得到了发展。如图17-3所示为设计公司的商业挂历。

挂历的后期制作可以分为两部分，即封面制作和支架制作。

（1）封面制作。

1）封面UV：在封面的表面涂覆（或喷，或印）一层无色透明的涂料，形成薄而均匀的透明光亮层，以起到保护挂历的印刷内容并提升美感的作用，同时可以让印刷品更有光泽，视觉效果更显著。

2）封面凹凸印刷：通过用有紧密配合度的一块凹版和一块凸版来夹合封面，在一定压力下使封面的表面形成与凸版相似的图文或花纹，使印刷品具有明显的浮雕感。

3）封面覆膜：是将塑料薄膜涂上粘合剂，经加热、加压后使其与封面粘合在一起的加工技术。封面的表面多了一层塑料薄膜，效果更平滑，光泽度和色彩牢固度也更好，图文颜色鲜艳并富有立体感，同时还具有防水、防污、耐磨、耐折、耐腐蚀等功能。

图17-3 商业挂历

（2）支架制作。

1）烫金：借用一定压力和温度在烫印机上上版，然后将金属铝箔或颜色铝箔按烫印模板的图形转印在支架上。

2）热压：主要被用于木质支架，用高密度优质木板作为面层板，用人造板作为芯层基材（二层结构的则为底层材），用低密度廉价板作为底层板，在通用的热压机中进行压合，从而生成成本低廉、外观性能良好的支架材质。

专家提醒

最近几年挂历已成为收藏界的新门类，收藏群体也正在发展，一些过去被人丢弃的旧挂历现在正成为市场热捧的"香饽饽"，在藏品市场中身价倍增。

挂历是历书与年画相结合的产物。仅从这一点来看，挂历本身包含有年画的影子，其收藏前景比肩年画，这也是挂历成为收藏品的原因之一，其文化艺术内涵与民族性使其成为藏品市场的新宠。

17.2 商业挂历设计——家在幸福里

本案例设计的是一款"家在幸福里"挂历，效果如图17-4所示。

图17-4 "家在幸福里"挂历

17.2.1 制作主体效果

制作挂历主体效果的具体操作步骤如下。

步骤01 按Ctrl＋N组合键，新建一幅名为"家在幸福里"的CMYK模式的图像文件，设置"宽度"为16cm、"高度"为20cm，如图17-5所示，单击"确定"按钮。

步骤02 选择工具箱中的"矩形工具" ，在工具属性栏中设置"填色"为白色、"描边"为深青色（CMYK的参考值为92、61、56、11）、"描边粗细"为3mm，如图17-6所示。

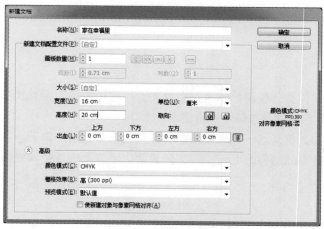

图17-5 新建文件

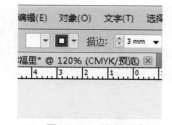

图17-6 设置属性

步骤03 移动鼠标指针至当前工作窗口，在窗口中进行拖动，绘制一个与页面同样大小的矩形，效果如图17-7所示。

步骤04 按Ctrl＋O组合键，打开一幅素材图像，如图17-8所示。

图17-7　绘制矩形

图17-8　素材图像

步骤05| 选择素材图像，按Ctrl + C组合键复制选择的图像，确认"家在幸福里"文件为当前工作文件，按Ctrl + V组合键粘贴选择的图像并将其调整至合适的大小及位置，效果如图17-9所示。

步骤06| 选择工具箱中的"矩形工具" ▭，在当前工作窗口中绘制一个与页面相同大小的矩形，效果如图17-10所示。

图17-9　复制、粘贴并调整大小及位置

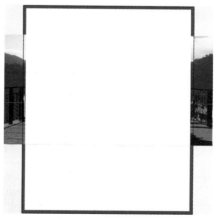

图17-10　绘制矩形

步骤07| 保持绘制的矩形处于被选择状态，选择工具箱中的"选择工具" ▶，在当前工作窗口中按住Shift键选择复制、粘贴的图像，如图17-11所示。

步骤08| 单击鼠标右键，在弹出的快捷菜单中选择"建立剪切蒙版"选命令，即可创建剪

切蒙版，效果如图17-12所示。

图17-11　选择图像

图17-12　创建剪切蒙版

步骤09| 按Ctrl＋O组合键，打开两幅素材图像，如图17-13所示。

图17-13　素材图像

步骤10| 选择打开的两幅素材图像，按Ctrl＋C组合键复制选择的图像，确认"家在幸福里"文件为当前工作文件，按Ctrl＋V组合键粘贴选择的图像并调整图像至合适的大小及位置，效果如图17-14所示。

图17-14　制作效果

17.2.2 制作文字效果

制作挂历文字效果的具体操作步骤如下。

步骤01 选择"文字工具" T，在工具属性栏中设置"字体"为"方正大标宋简体"、"字体大小"为26pt、"填色"为白色，然后在当前工作窗口中的合适位置处单击鼠标左键，输入文字"雅静天地 美丽生活"，效果如图17-15所示。

步骤02 执行"效果"|"风格化"|"外发光"命令，弹出"外发光"对话框，设置"模式"为"正常"、"不透明度"为100%、"模糊"为0.08cm、"颜色"为绿色（CMYK的参考值为64、0、100、0），单击"确定"按钮，效果如图17-16所示。

图17-15　设置并输入文字

图17-16　添加外发光样式的效果

步骤03 选择工具箱中的"文字工具" T，在当前工作窗口中单击鼠标左键并拖动鼠标指针，绘制一个文本框，效果如图17-17所示。

步骤04 在工具属性栏中设置"字体"为"方正细黑一繁体"、"字体大小"为10pt、"设置所选字符的字距调整"为420、"行间距"为13pt、"填色"为深青色（CMYK的参考值为92、61、56、11），输入文字"日"，效果如图17-18所示。

图17-17　绘制文本框

图17-18　设置并输入文字

步骤05| 在工具属性栏中设置"字体"为"华文仿宋"、"设置所选字符的字距调整"为0，按Enter键进行换行，输入文字"1"，效果如图17-19所示。

步骤06| 使用与上面同样的方法，输入其他文字并设置文字的字体、颜色及位置，效果如图17-20所示。

图17-19　设置并输入文字　　　　　图17-20　设置并输入其他文字

步骤07| 在工具属性栏中设置"字体"为"黑体"、"字体大小"为12pt、"设置所选字符的字距调整"为2000、"填色"为深青色（CMYK的参考值为92、61、56、11），输入文字"家在幸福里　幸福在家里"，效果如图17-21所示。

步骤08| 选择输入的文字，按Shift＋F8组合键，展开"变换"面板，设置"倾斜"为15°，效果如图17-22所示。

图17-21　设置并输入文字　　　　　图17-22　倾斜文字效果

步骤09| 在工具属性栏和"字符"面板中分别设置"字体"为"方正中等线简体"、"字体大小"为9pt、"水平缩放"为150%、"设置所选字符的字距调整"为250、"填色"为灰色（CMYK的参考值为0、0、0、30），输入拼音"YAYIHUAYUAN"，效果如图17-23所示。

步骤10| 使用与上面同样的方法，分别输入其他文字并设置文字的字体、字号、字间距、颜色及位置，效果如图17-24所示。

图17-23　设置并输入文字

图17-24　文字效果

专家提醒

　　在"字符"面板中，文字的"水平缩放"和"垂直缩放"的默认数值为100%。适当地调整文字的水平或垂直缩放比例，可以实现特殊的文字效果。如果设置的水平和垂直缩放的数值相同，则文字的整体比例放大，但文字的字号不变。

17.3 知识链接——"变换"面板

　　在Illustrator中，对选择的对象进行变换操作的方法有三种：一是使用工具箱中的变换工具进行相关的变换操作；二是通过执行"对象"|"变换"命令的子菜单命令进行相关的变换操作；三是使用"变换"面板中的各参数进行相关的变换操作。下面对这些操作进行详细的介绍。

　　在Illustrator中，使用"变换"面板可以对选择的对象精确地进行旋转、缩放和倾斜等变换操作。

　　执行"窗口"|"变换"命令，弹出"变换"面板，如图17-25所示。

图17-25　"变换"面板

该面板中主要参数的含义如下。

● X：用于改变对象的水平位置。

● Y：用于改变对象的垂直位置。

- 宽：用于改变对象的变换控制框的宽度。
- 高：用于改变对象的变换控制框的高度。
- 旋转：用于改变对象的旋转角度。如果在其右侧输入数值"45"，然后按Enter键确认变换操作，则对象的旋转效果如图17-26所示。

旋转前　　　　　　　　　　　　　　　旋转后

图17-26　旋转对象

- 倾斜：用于改变对象的倾斜度。如果在其右侧输入数值"30"，然后按Enter键确认变换操作，则对象的倾斜效果如图17-27所示。

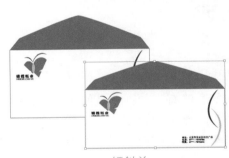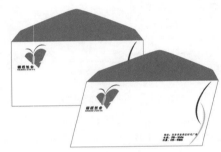

倾斜前　　　　　　　　　　　　　　　倾斜后

图17-27　倾斜对象

单击"变换"面板右上角的按钮，弹出面板菜单，如图17-28所示。

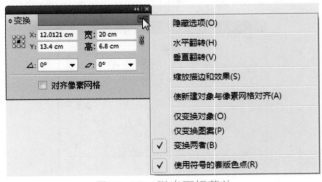

图17-28　弹出面板菜单

该面板菜单中主要命令的含义如下。

- 水平翻转：选择该命令，选择的对象将水平翻转，效果如图17-29所示。

水平翻转前   水平翻转后

图17-29   水平翻转

● 垂直翻转：选择该命令，选择的对象将垂直翻转，效果如图17-30所示。

垂直翻转前   垂直翻转后

图17-30   垂直翻转

● 仅变换对象：选择该命令，对选择的对象进行变换操作时，将变换整个对象。
● 仅变换图案：选择该命令，对选择的对象进行变换操作时，将只变换对象中的图案部分，如图17-31所示。

变换图案前   变换图案后

图17-31   变换图案

第18章
产品UI设计

在UI设计中，产品的造型要具有科技性、时尚性和简单性，设计时要先从整体着手，再从细节和局部进行细致加工，换句话说，就是从外到内、从简单到精细，一步一步地深入，要表现出产品UI设计的明暗、光感、质感和造型等。

本章重点

◆ 关于UI设计
◆ 产品UI设计——耳机
◆ 知识链接——"模糊"命令

效果展示

设计是把计划、规划、设想通过视觉的形式传达出来的行为过程。简单地说，就是一种创造行为，一种解决问题的过程，其区别于其他艺术门类的主要特征之一是设计更具有独创性。

UI设计的相关知识包括数字化图像基础，UI设计师与产品设计团队、UI设计与产品团队项目流程的关系等。只有认识并了解UI设计的规范和基本原则，才能够更好地设计出出色的产品。

18.1.1 UI设计的概念

"UI"的原意是"用户界面"，是英文"User Interface"的缩写，概括成一句话，就是"人和工具之间的界面"。这一界面实际上体现在生活中的每一个环节中，如操作计算机时鼠标与手是UI界面，开车时方向盘和仪表盘是UI界面，看电视时遥控器和屏幕是UI界面。

可以将UI分成两大类，即硬件界面和软件界面。在此主要讲解的是软件界面，介于用户与计算机之间的一种界面，也可以称之为"特殊的或者是狭义的UI"。如图18-1所示为数字电视的UI设计。

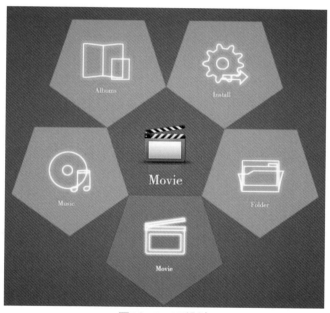

图18-1　UI设计

UI设计属于视觉传达设计的一种，是机器与用户交流的一种界面设计。

18.1.2 UI设计的分类

UI设计从工作内容的角度可分为三部分，那就是用户研究、交互设计和界面设计。

1. 用户研究——用户测试/研究工程师（User Experience Engineer）

在产品开发前期，通过调查研究，了解用户的工作性质、工作流程、工作环境及工作中的适用习惯，挖掘出用户对产品功能的需求和希望，为界面设计提供有力的思考方向，最终设计出让用户满意的界面。

用户研究不是软件UI设计师的主观行为，而是站在用户的角度去探讨产品的开发设计。它最终达成的目标是提高产品的可用性，使设计的产品更容易被人接受、使用和记忆。

当产品最终被推入市场后，设计师还应主动地收集市场的反馈。因为市场反馈是用户使用后的想法，是检验界面与交互设计是否合理的标准，也是经验积累的重要途径。

2. 交互设计——交互设计师（Interaction Designer）

"交互设计"是指人与机器之间的交互工程，一般都是由软件工程师来制作。交互设计师的工作就是设计软件的操作流程、树状结构、软件的结构及操作规范等。一个软件产品在编码之前需要做的就是交互设计，并且确定交互模型和交互规范。

交互设计的目的在于加强软件的易用、易学及易理解，使产品真正方便地为人类服务。

3. 界面设计——图形设计师（Graphic UI Designer）

目前国内大部分软件UI设计师都是从事这类设计工作，他们也常被称为"美工"，但实际上并不是单纯的美术工作者，而是软件产品信息界面的设计师。

从心理学的意义来看，界面可分为感觉和感情两个层次。UI设计是屏幕产品的重要组成部分，扮演着重要的角色，设计师需要了解认知心理学、设计学及语言学等。UI设计的三大原则是把界面放在用户的控制下，减少用户的记忆负担和保持界面的一致性。

18.1.3 UI设计的规范

UI设计的规范主要是为了使设计团队朝着一个方向、一个风格和一个目的来进行设计，便于团队之间的相互合作和作品质量的提高。

界面是软件与用户交流的最直接的层面，界面的好坏决定了用户对软件的第一印象。设计良好的界面能够引导用户自己完成相应的操作，起到向导的作用。UI设计主要是为了达到以下五个目的。

（1）以用户为中心：设计由用户控制的界面，而不是由设计的界面控制用户。

（2）清楚、一致的设计：所有界面的风格保持一致，具有相同含义的术语保持一致，易于理解和使用。

（3）拥有良好的直觉特征：以用户所熟悉的现实世界中事物的抽象表现来给用户以暗示和隐喻，帮助用户迅速地学会软件的使用。

（4）较快的响应速度。

（5）简洁、美观的界面。

UI设计应遵循以下规范，如表18-1所示。

表18-1　UI设计的基本规范

	操作项	基本规范
界面风格的一致性	UI的字体与色彩	UI的字体、色彩要一致 整体色彩搭配要融为一体，起提示作用的部分要清楚、醒目 不可修改的字段统一使用灰色文字显示
	窗口风格	所有窗口最大化、最小化的风格要一致 报错页面的风格要一致，最好有统一的报错页面 类似功能的窗口的打开风格要一致 相同功能在不同模块的名称要一致 子窗口应尽量显示在主窗口的左上或居中位置 弹出式窗口应尽量在不借助滚动条的情况下显示所有内容 窗口最小化/最大化时，控件也要随着窗口而缩放
	布局	窗口控件的布局和间距要尽量与Windows标准保持一致 尽量采用Dock和锚点来让布局变得合理 尽量在窗口中显示大部分常用功能
	菜单的深度	菜单的深度一般不要超过三层 菜单的层次太多时应给出返回主窗口、主分支的快捷链接
	按钮	按钮风格相同，大小相似，字体一致 无效按钮要屏蔽
	控件	各复选框和选项框按选择概率的高低来进行先后排列 复选框和选项框要有默认选项，并支持Tab选择 界面空间较小时，使用下拉列表框而不是选择框 选项数较少时使用选项框，反之则使用下拉列表框
文本框输入	操作项	基本规范
	必输项	必输项不可为空，不可输入空格 必输项给出必输项标识（＊）
	字段长度	超过数据库规定长度时不允许输入
	格式校验	身份证号和E-mail等特定字段的格式要符合需求的规定
	日期格式	日期的显示格式一致，如yyyy-mm-dd 使用日期控件，尽量不用手动录入
	特殊字符	输入区域、输入特殊字符及插入数据库时不出错或提示不允许输入特殊字符。特殊字符包括'、"、=、~、\$、%、^、%、¥、&、#、@等
	英文输入	英文输入不区分大小写，不可输入汉字、数字及特殊字符
	数值字段	只能输入＋、－，0~9，以及功能键（BackSpace 光标）
	字符字段	如果支持日韩文字，则要判断全角假名/半角假名
	单行文本框/多行文本框	长度合适，可以容纳相应文字，但不能超过数据库该字段的长度，最好将可以输入的最大字符数标在旁边。建议单行文本框中当输入的字符超过一定长度时再输入无效，对于多行文本框给出最大字符数的标识
	附件	可正常添加符合格式的附件 附件可正常打开和保存，附件名较长时可正常操作 直接输入错误的附件地址，保存时应给出提示信息 附件打开/保存到本地时，文件名要显示原文件的文件名
	密码输入	要在需求中定义密码是否允许为空或空格，是否允许特殊字符，是否区分大小写，密码的可输入长度 程序中应给出文字说明密码的可输入长度

操作项		基本规范
用户界面行为	鼠 标	鼠标为不可点击状态时显示箭头，可点击状态时显示手型；系统忙时显示沙漏形状
	光标定位	打开新增（修改）页面时，光标初始定位在第一个待输入的文本区 因输入不正确，可使写控件检测到非法输入，提示后应给出说明并能自动获得焦点
	Tab 键	界面支持键盘自动浏览按钮功能，即Tab自动切换功能 Tab键的顺序与控件的排列顺序要一致，一般情况下为从上到下，行间为从左到右

18.1.4 UI设计的基本原则

界面并不仅仅是应用程序，它能为用户服务，是用户与程序沟通的唯一途径。UI设计为的是用户而不是程序员。如图18-2所示为UI设计基本原则的流程图。

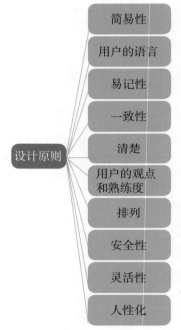

图18-2 UI设计基本原则的流程图

UI设计的基本原则有以下几点。

（1）简易性：界面的简洁是为了使用户便于使用、便于了解，并降低用户发生错误选择的可能性。

（2）用户的语言：界面中要使用能反映用户本身的语言，而不是设计师的语言。

（3）易记性：人脑不是计算机，在设计界面时必须要考虑人脑处理信息的限度。人类的短期记忆极不稳定且有限，24小时内存在25%的遗忘率。因此对用户来说，浏览信息要比记忆更容易。

（4）一致性：是每一个优秀界面都具备的特点。界面的结构必须清晰、一致，风格须与内容统一。

（5）清楚：在视觉效果上便于理解和使用。

（6）用户的观点和熟练度：想他们所想，做他们所做。用户总是按照他们自己的方法理解和使用界面。

（7）排列：一个有序的界面能让用户轻松地使用。

（8）安全性：用户能自由地做出选择，并且所有选择都是可逆的。在用户做出危险的选择时，有信息介入系统并提示用户。

（9）灵活性：简单来说，就是要让用户更加方便地使用，但不同于上述，是指互动多重性，不局限于单一的工具。

（10）人性化：高效率和用户满意度是人性化的体现，应具备专家级和初级用户系统，即用户可根据自己的习惯定制界面并能保存设置。

18.1.5　UI设计的流程及方法

通常一个团队将UI设计流程分为四个简单的阶段，即分析、设计、配合及验证。下面就来简单地介绍这四个阶段。如图18-3所示为UI设计的流程图。

图18-3　UI设计的流程图

1. 分析

分析阶段又被分为需求分析、用户场景模拟及竞争产品分析。简单地说，就是用户检验的过程，从用户体验中不断开拓、探索，寻求用户最满意的效果。

2. 设计

设计方法采用面向场景、面向事件驱动和面向对象的设计方法。这个阶段是在设计过程中考虑到不同的情况而采取的设计措施，产品的用户定位将对UI设计起着重要的作用。

3. 配合

UI设计师交出产品设计图时，需要更多的开发人员、测试人员进行截图配合。

4. 验证

完成产品的设计后，UI设计师需要对产品进行验证。是否与当初设计产品时的想法一致，是否可用，用户是否接受，以及与需求是否一致，都需要UI设计师来验证。

18.1.6　UI设计的项目流程步骤

UI设计要经过用户需求、设计方案、讨论确认、页面制作、程序开发及用户测试这六个工作环节。此外，还需要注意以下方面。

1. 设计需求

（1）系统设计需求文档。

（2）系统结构文档（如栏目划分、目录结构及导航方式等）。

（3）较复杂的页面表现形式草图。

（4）较复杂的业务流程文档。

（5）如可能，提供参考和示例站点。

（6）与程序员沟通部分页面的实现方法。

2. 页面制作需求

（1）经过确认的美术设计方案图。

（2）系统设计需求文档等，较复杂的业务流程文档。

（3）所需页面脚本需求，与程序员沟通部分页面的实现方法。

3. 提交给程序的内容

（1）静态模板页：首页及二级页面HTM文件、CSS样式单、相关页面JavaScript代码，可用于直接嵌入代码。栏目的命名规则与程序协商，建立统一的规范。

（2）所有按键图标统一。

（3）部分容易混淆颜色的色值。

（4）图片统一放在一个目录下。

18.1.7　UI设计师与产品设计团队

UI设计师需要怎样与产品设计团队一起协同合作呢？要建立一个严格的产品开发过程，设计师必须要平等地与工程、市场及业务管理人员进行协同工作。这种协同工作需要明确每个方面的责任和权利，这样企业从设计中获得的收益才会有极大的提升。

责任划分且平衡每个方面的权利，可以极大地提高设计的成功率，并可以保证企业在产品开发的整个周期中给予应有的支持。建议责任和权利的平衡关系如下。

（1）设计团队负责用户对产品的满意度。

（2）工程团队负责产品的实现和制造。

（3）市场营销团队负责说服顾客购买产品。

（4）管理团队负责产品的利润率。

18.2　产品UI设计——耳机

本案例设计的是一款耳机的产品UI，效果如图18-4所示。

图18-4　产品UI

18.2.1　绘制耳机左侧的耳麦

绘制耳机左侧耳麦的具体步骤如下。

步骤01| 按Ctrl＋N组合键，新建一个名为"耳机"的CMYK模式的图像文件，设置"宽度"为20cm、"高度"为20cm，单击"确定"按钮。

步骤02| 选择工具箱中的"钢笔工具" ，在工具属性栏中设置"填色"为黑色、"描边"为"无"，在当前工作窗口中单击鼠标左键以确定起始点，绘制一个如图18-5所示的闭合路径。

步骤03| 使用鼠标左键双击工具箱中的"渐变工具" ，显示"渐变"面板，设置"类型"为"线性"、"角度"为－85°，分别在渐变色条下方的0%、54%和100%位置处添加渐变颜色滑块，设置颜色分别为银白色（CMYK的参考值为0、0、0、56）、白色、银白色，如图18-6所示。

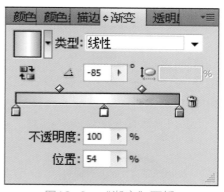

图18-5　绘制闭合路径　　　　　　　图18-6　"渐变"面板

步骤04| 选择工具箱中的"椭圆工具" ，在工具属性栏中设置"描边"为"无"，在当前工作窗口中单击鼠标左键并进行拖动，绘制一个椭圆，效果如图18-7所示。

步骤05| 保持绘制的图形处于被选择状态，选择工具箱中的"旋转工具" ，移动鼠标指针至当前工作窗口中椭圆的上方，单击鼠标左键并进行拖动以旋转图形，效果如图18-8所示。

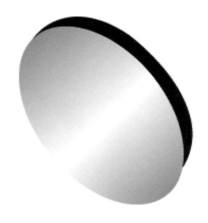

图18-7　绘制椭圆　　　　　　　图18-8　旋转椭圆

步骤06| 参照上述操作，运用"椭圆工具"  绘制一个椭圆并进行旋转，效果如图18-9所示。

步骤07| 保持新绘制的椭圆处于被选择状态，执行"对象"|"变换"|"缩放"命令，弹出"比例缩放"对话框，设置"比例缩放"为85%，如图18-10所示。

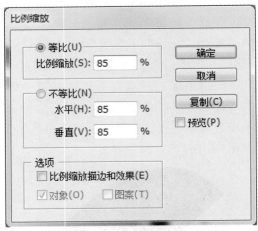

图18-9　图形效果　　　　　　　　　图18-10　"比例缩放"对话框

步骤08| 单击"复制"按钮，复制新绘制的椭圆，效果如图18-11所示。

步骤09| 在工具属性栏中设置"填色"为黑色、"描边"为"无"，选择工具箱中的"选择工具" ，调整复制的椭圆的位置，效果如图18-12所示。

图18-11　复制图形　　　　　　　　　图18-12　图形效果

步骤10| 保持黑色椭圆处于被选择状态，执行"对象"|"变换"|"缩放"命令，弹出"比例缩放"对话框，设置"比例缩放"为65%，单击"复制"按钮，复制选择的图形，效果如图18-13所示。

步骤11| 选择工具箱中的"吸管工具" ，移动鼠标指针至当前工作窗口中银白色椭圆的上方，如图18-14所示。

步骤12| 单击鼠标左键，吸取该处颜色，此时的图形效果如图18-15所示。

步骤13| 选择工具箱中的"选择工具" ，调整图形的位置，效果如图18-16所示。

图18-13　复制图形　　　　　　　　　图18-14　移动鼠标指针

图18-15　图形效果　　　　　　　　　图18-16　调整位置

步骤14| 选择工具箱中的"钢笔工具" ![pen]，在当前工作窗口中设置"填色"为白色、"描边"为"无"，在当前工作窗口中绘制一条闭合路径，效果如图18-17所示。

步骤15| 保持绘制的路径处于被选择状态，执行"效果"|"模糊"|"高斯模糊"命令，弹出"高斯模糊"对话框，设置"半径"为16像素，如图18-18所示。

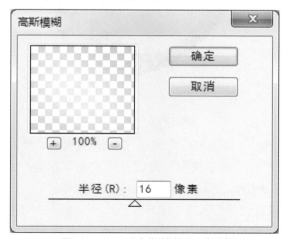

图18-17　绘制闭合路径　　　　　　　图18-18　"高斯模糊"对话框

步骤16| 单击"确定"按钮，即可制作高斯模糊效果，如图18-19所示。

步骤17| 选择工具箱中的"钢笔工具" ，在工具属性栏中设置"填色"为黑色、"描边"为"无"，在当前工作窗口中绘制的图形的下方绘制一条闭合路径，效果如图18-20所示。

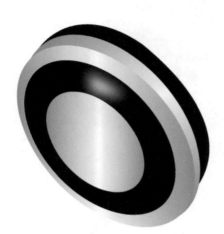

图18-19　高斯模糊效果　　　　　图18-20　绘制闭合路径

步骤18| 保持绘制的路径处于被选择状态，执行"对象"|"变换"|"缩放"命令，在弹出的对话框中设置"比例缩放"为65%，单击"复制"按钮，复制选择的路径，效果如图18-21所示。

步骤19| 在工具属性栏中设置"填色"为白色、"描边"为"无"，改变复制的闭合路径的填充色，效果如图18-22所示。

图18-21　复制路径　　　　　图18-22　改变颜色

步骤20| 保持该闭合路径处于被选择状态，执行"效果"|"模糊"|"高斯模糊"命令，在弹出的"高斯模糊"对话框中设置"半径"为4.2像素，单击"确定"按钮，效果如图18-23所示。

步骤21| 选择工具箱中的"选择工具" ，在当前工作窗口中选择刚才绘制的对象，按Ctrl+G组合键将其进行编组，执行"对象"|"排列"|"置于底层"命令，将编组的对象置于最底层，效果如图18-24所示。

图18-23　高斯模糊效果　　　　　图18-24　制作效果

18.2.2　绘制耳机右侧的耳麦

绘制耳机右侧耳麦的具体步骤如下。

步骤01| 选择工具箱中的"椭圆工具" ◎ ，在工具属性栏中设置"填色"为黑色、"描边"为"无"，在当前工作窗口中左耳麦的旁边绘制一个椭圆，选择工具箱中的"旋转工具" ◯ ，旋转图形，效果如图18-25所示。

步骤02| 选择工具箱中的"钢笔工具" ◎ ，在"渐变"面板中设置"类型"为"线性"、"角度"为﹣80.3°，分别在渐变色条下方的0%、47%和100%位置处添加渐变颜色滑块，设置颜色分别为深灰色（CMYK的参考值为0、0、0、70）、银灰色（CMYK的参考值为0、0、0、18）、深灰色，如图18-26所示。

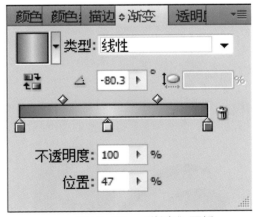

图18-25　绘制并旋转椭圆　　　　图18-26　"渐变"面板

步骤03| 在工具属性栏中设置"描边"为灰黑色（CMYK的参考值为0、0、0、84）、"描边粗细"为0.353mm，在当前工作窗口中绘制的椭圆的上方绘制一条闭合路径，效果如图18-27所示。

步骤04| 选择工具箱中的"吸管工具" ◎ ，在当前工作窗口中单击鼠标左键，吸取该处颜色，效果如图18-28所示。

图18-27　绘制闭合路径　　　　　　　　图18-28　吸取颜色

步骤05| 选择工具箱中的"钢笔工具" ，在当前工作窗口中绘制的闭合路径的上方绘制一条闭合路径，效果如图18-29所示。

步骤06| 在工具属性栏中设置"填色"为白色、"描边"为"无"，在当前工作窗口中绘制一条闭合路径，作为右侧耳麦的高光部分，效果如图18-30所示。

图18-29　绘制闭合路径　　　　　　　　图18-30　绘制高光效果

步骤07| 保持绘制的闭合路径处于被选择状态，执行"效果"|"模糊"|"高斯模糊"命令，弹出"高斯模糊"对话框，设置"半径"为12像素，单击"确定"按钮，效果如图18-31所示。

步骤08| 选择工具箱中的"选择工具" ，在当前工作窗口中选择相应的图形，如图18-32所示，按Ctrl + C组合键复制选择的图形。

图18-31　高斯模糊效果　　　　　　　　图18-32　选择并复制图形

步骤09| 按Ctrl + V组合键粘贴选择的图形并调整其位置，运用工具箱中的"旋转工具"  旋转图形，效果如图18-33所示。

步骤10| 保持复制、粘贴的图形处于被选择状态，执行"对象"|"排列"|"置于底层"命令，将其置于最底层，效果如图18-34所示。选择工具箱中的"选择工具" ，在当前工作窗口中按住Shift键依次选择右耳麦图形的相关对象，按Ctrl + G组合键将其进行编组。

图18-33　制作效果

图18-34　置于底层

■ 18.2.3　绘制耳机杆子和背景

绘制耳机杆子和背景的具体步骤如下。

步骤01| 选择工具箱中的"钢笔工具" ，在"渐变"面板中设置"类型"为"线性"、"角度"为101°，分别在渐变色条下方的0%、54%和100%位置处添加渐变颜色滑块，设置颜色分别为银白色（CMYK的参考值为0、0、0、56）、白色、银白色，如图18-35所示。

步骤02| 在工具属性栏中设置"描边"为"无"，在当前工作窗口中单击鼠标左键，绘制一条闭合路径，效果如图18-36所示。

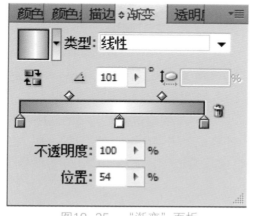

图18-35　"渐变"面板

图18-36　绘制闭合路径

步骤03| 使用同样的方法，绘制另一条闭合路径，效果如图18-37所示。

步骤04| 在工具属性栏中设置"填色"为黑色、"描边"为"无"，在当前工作窗口中单击鼠标左键，绘制一条闭合路径，效果如图18-38所示。

图18-37 绘制闭合路径

图18-38 绘制闭合路径

步骤05| 使用同样的方法，继续绘制两条闭合路径，将其填充为白色，效果如图18-39所示。

步骤06| 保持绘制的白色闭合路径处于被选择状态，执行"效果"|"模糊"|"高斯模糊"命令，弹出"高斯模糊"对话框，设置"半径"为9像素，单击"确定"按钮，效果如图18-40所示。

图18-39 绘制效果

图18-40 高斯模糊效果

步骤07| 选择工具箱中的"钢笔工具" ，设置"填色"为黑色、"描边"为"无"，在当前工作窗口中绘制一条闭合路径，效果如图18-41所示。

步骤08| 保持绘制的闭合路径处于被选择状态，按Ctrl + C组合键复制选择的路径，按Ctrl + F组合键，将复制的路径粘贴在原路径的上面，选择工具箱中的"吸管工具" ，在当前工作窗口中吸取银白色图形，在工具属性栏中设置"描边"为灰色（CMYK的参考值为0、0、0、41），效果如图18-42所示。

步骤09| 保持复制、粘贴的路径处于被选择状态，按键盘上的←键和↑键，调整路径的位置，效果如图18-43所示。

步骤10| 选择工具箱中的"文字工具" ，在工具属性栏中设置"字体"为"宋体"、"字号"为10pt，在当前工作窗口中输入英文"headphone"；选择工具箱中的"旋转工具" 旋转文字，效果如图18-44所示。

图18-41　绘制闭合路径

图18-42　改变颜色

图18-43　调整位置

图18-44　文字效果

步骤11| 选择工具箱中的"钢笔工具" ⬙，在工具属性栏中设置"填色"为白色、"描边"为"无"，在当前工作窗口中绘制一条闭合路径，效果如图18-45所示。

步骤12| 保持绘制的路径处于被选择状态，执行"效果"|"模糊"|"高斯模糊"命令，弹出"高斯模糊"对话框，设置"半径"为6.0像素，单击"确定"按钮，高斯模糊效果如图18-46所示。

图18-45　绘制路径

图18-46　高斯模糊效果

步骤13 选择工具箱中的"选择工具" ，在当前工作窗口中选择右耳麦图形，执行"对象"|"排列"|"置于顶层"命令，将选择的图形置于最顶层，效果如图18-47所示。

步骤14 按Ctrl + A组合键选择全部图形，执行"对象"|"变换"|"对称"命令，弹出"镜像"对话框，单击"垂直"单选按钮，单击"复制"按钮，调整复制的图形的位置，并运用"旋转工具" 旋转该复制的图形，效果如图18-48所示。

图18-47 置于顶层

图18-48 复制并旋转图形

步骤15 按Ctrl + O组合键，打开一幅素材图像，如图18-49所示。选择打开的图像，按Ctrl + C组合键复制选择的图像，确认"耳机"文件为当前工作文件，按Ctrl + V组合键粘贴选择的图像。

步骤16 保持打开的图像处于被选择状态，执行"对象"|"排列"|"置于底层"命令，将其置于最底层，最终效果如图18-50所示。

图18-49 素材图像

图18-50 最终效果

18.3 知识链接——"模糊"命令

使用"模糊"命令，可以对指定线条和阴影区域中轮廓的像素进行平衡，从而将其润色，使过渡显得更加柔和。

18.3.1　径向模糊

使用"径向模糊"滤镜，可以对选择的对象进行旋转模糊或放射状模糊，以产生一种镜头聚集的效果。

在当前工作窗口中选择一幅位图图像，执行"效果"|"模糊"|"径向模糊"命令，弹出"径向模糊"对话框，如图18-51所示。

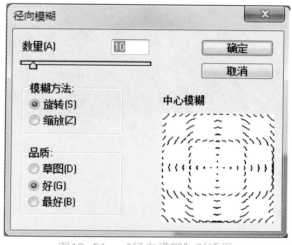

图18-51　"径向模糊"对话框

该对话框中主要参数的含义如下。

- 数量：用于设置对象的模糊程度。数值越大，模糊程度越强烈。
- 中心模糊：在其下方的预览框中单击鼠标左键，可以改变对象模糊的中心位置。
- 模糊方法：用于设置对象模糊时的样式。
- 品质：用于选择对象模糊的质量。

步骤01| 执行"文件"|"打开"命令，打开一幅素材图像，如图18-52所示。

步骤02| 执行"效果"|"模糊"|"径向模糊"命令，弹出"径向模糊"对话框，设置"数量"为20，单击"缩放"单选按钮，在"中心模糊"预览框中将中心点移至右上角的位置，如图18-53所示。

图18-52　素材图像

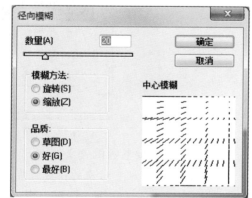

图18-53　"径向模糊"对话框

步骤03| 单击"确定"按钮，效果如图18-54所示。

图18-54 "径向模糊"效果

18.3.2 高斯模糊

使用"高斯模糊"滤镜，可以降低相邻像素间的对比度，从而使对象产生柔化和模糊的效果。

"高斯模糊"滤镜的工作原理是按照高斯分布曲线对选择的对象中特定数量的像素进行模糊处理。所谓"模糊处理"，实际上是降低相邻像素间的对比度，使其产生柔化和模糊的效果。

在当前工作窗口中选择一幅位图图像，执行"效果"|"模糊"|"高斯模糊"命令，弹出"高斯模糊"对话框，如图18-55所示。

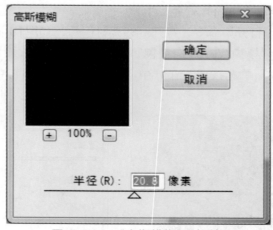

图18-55 "高斯模糊"对话框

该对话框中主要参数的含义如下。

● 半径：用于设置对象的模糊程度。数值越大，对象越模糊。

步骤01| 在当前工作窗口中，选择需要进行模糊处理的素材图像。

步骤02| 执行"效果"|"模糊"|"高斯模糊"命令，弹出"高斯模糊"对话框，设置"半径"为6.0像素，如图18-56所示。

步骤03 单击"确定"按钮，效果如图18-57所示。

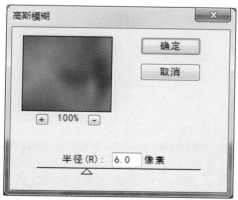

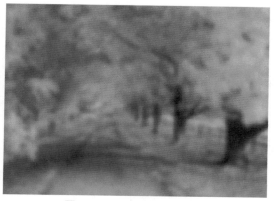

图18-56　"高斯模糊"对话框　　　　　　　图18-57　高斯模糊效果

　　"特殊模糊"滤镜只对颜色变化微弱的像素区域进行模糊，不对边缘进行模糊，可以使选择的对象中原本清晰的区域保持不变，而原本模糊的区域变得更加模糊。

第19章
APP界面设计

随着科技的不断发展，手机的功能越来越强大，基于手机系统的相关软件应运而生。手机设计的人性化已不仅仅局限于手机的硬件外观，手机的软件系统也已成为用户直接操作和应用的主体，并以美观实用、操作便捷为用户所青睐。因此，APP界面设计的规范性显得尤为重要。

本章重点

- 关于APP
- APP界面设计——手机游戏
- 知识链接——"内发光"命令

效果展示

19.1 关于APP

人类社会进入信息时代，各种各样的信息工具越来越多，也越来越先进。计算机网络的出现，使人们不出家门便可知天下事。广告是信息传播的重要手段之一，其种类众多，不同的广告起着不同的作用，效果也大不相同。APP界面是其中的形式之一，且用途较为广泛。因此，学好APP界面设计非常重要，尤其是对广告设计有着特别重要的意义。

19.1.1 APP的概念

手机界面是软件与用户交互的最直接的层面。由于手机是移动便携式产品，注定其体积小巧、屏幕面积也相对较小。要在这样小巧的手机上实现所需要的功能，并将功能和界面设计相结合以使用户对产品感到满意，手机的界面设计就显得相当重要。图19-1所示为精美的手机界面。

图19-1　手机界面

"APP"是英文"Application"的简称。由于智能手机的流行，现在的APP多指智能手机的第三方应用程序。APP是未来企业必备的营销手段，它作为一种第三方应用的合作形式参与到互联网的商业活动中。未来将是移动互联网时代，手机APP是企业移动互联网的身份证，在移动互联网的价值链中占有至关重要的地位。

专家提醒

手机界面是用户与手机系统、各种应用交互的窗口，手机界面的设计必须基于手机设备的物理特性和系统应用的使用特性进行合理的设计。

19.1.2 手机界面效果的规范性

手机软件运行于手机操作系统的软件环境，界面的设计应该基于这一应用平台的整体风格，这样有利于产品外观的整合。手机界面效果的规范性包括以下两个方面。

1. 界面的色彩及风格与系统界面统一

软件界面的总体色彩应该接近和类似系统界面的总体色彩。例如，系统色彩以蓝色为主，软件界面的默认色彩最好与其吻合；如果使用与其大相径庭的色彩，如大红、柠檬黄，色彩的强烈变化会影响用户的使用情绪。

2. 操作流程的系统化

手机用户的操作习惯是基于系统的，界面的设计在操作流程的安排上也要遵循系统的规范性，使用户达到会使用手机就会使用手机软件的程度，以简化用户的操作流程。

19.1.3　手机界面效果的个性化

手机界面的整体性和一致性是基于手机系统视觉效果的和谐、统一而考虑的，而手机界面效果的个性化是基于软件本身的特征和用途而考虑的。界面效果的个性化包括如下几个方面。

1. 个性化的界面框架

软件的实用性是软件应用的根本，界面的设计应结合软件的应用范畴，合理地安排版式，以求达到美观、适用的目的。这一点不一定要达到与系统统一的标准，而应该具有软件自身的行业标准。例如，证券交易、地图操作等界面，需要分析软件应用的特征和流程，制订相对规范性的界面构架。界面构架的功能操作区、导航控制区等都应该统一规范，不同功能模块的相同操作区域的元素风格应该一致，使用户能够对不同模块的操作迅速掌握，也使整个界面统一在一个特有的整体之中。

2. 专用的界面图标

软件的图标按钮是基于自身应用的命令集，它的每一个图形内容映射的是一个目标动作。因此，作为体现目标动作的图标，应该有强烈的表意性，在制作过程中选择具有典型行业特征的图形有助于用户识别、操作。图标的图形制作不能太繁琐，要适应手机本身显示面积很小的屏幕特征，在制作上尽量使用像素图形，并确保图形的清晰。针对立体化的界面，可以考虑部分像素的羽化效果，以增强图标的层次感。

3. 个性化的界面色彩

色彩影响一个人的情绪，不同的色彩会让人产生不同的心理效应，反之，不同的心理状态所能接受的色彩也是不同的。不断变化的事物才能引起人们的注意，界面设计的色彩个性化，目的是利用色彩的变换来协调用户的心理，让用户对软件产品时刻保持新鲜度。通过使用用户根据自己的需要来改变默认的系统设置，选择一种自己满意的个性化设置，达到软件产品与用户之间的调和。在众多的软件产品中都涉及到了界面的换肤技术，在手机软件界面的设计过程中，应用这一个性化设置可以更大幅度地提升软件的魅力，满足用户的多方面需求。

19.1.4　APP界面设计的基本流程

APP界面设计的基本流程总体包括分析阶段、设计阶段、调研阶段、改进与验证阶段。下面分别介绍这四个阶段的具体内容。

1. 分析阶段

分析阶段包括需求分析、用户场景模拟、竞争产品分析三个方面。

（1）需求分析：要设计一个产品，离不开3W（Who，Where，Why）的考虑，也就是"使用者""使用环境""使用方式"的需求分析。在设计一个产品时，首先应明确什么人用（用户的年龄、性别、爱好、收入、教育程度等）、什么地方用、如何用，如上任何一个元素发生改变，结构都会有相应的改变。通过对用户需求进行分析，设计师可以从MRD（市场需求文档）与PRD（产品需求文档），或者从产品需求评审会议上获得需求分析的内容，当然也可以直接与产品经理交流以获得相关的产品需求。如果说设计原则是所有设计的出发点，那么用户需求就是本次设计的出发点。

（2）用户场景模拟：好的设计建立在对用户的深刻了解上。因此，用户使用场景模拟尤为重要，可以从中了解产品的现有交互性能及用户使用产品的习惯等。设计师在分析时一定要站在用户的角度思考——如果我是用户，这里我会需要什么。

（3）竞争产品分析：竞争产品能够上市并且被其他设计师知道，必然有其长处，所谓"三人行必有我师"。每个设计师的思维都有其局限性，看到别人的设计会有触类旁通的好处。当市场上存在竞争产品时，去听听用户的评论哪怕是骂声都好，不要沉迷于自己的设计中，让真正的用户说话。

2. 设计阶段

经过分析阶段，接下来进入设计阶段，这里采用面向场景、面向事件驱动和面向对象的设计方法。

（1）面向场景：针对该产品的使用场景等，模拟用户在多种条件下使用产品的情况。

（2）面向事件驱动：针对的是对产品的响应与触发事件，一个提示框、一个提交按钮等，这类都是对事件驱动的设计。

（3）面向对象：产品面向的用户不同，对于产品设计的要求也不同。设计师可以根据实际情况，多设计几套不同风格的界面用于备选。

3. 调研阶段

对于设计出的方案，可以邀请各方人士（不仅限于产品团队，可以包括技术和运营团队等）进行评定，几套方案做测试，选择用户体验最优的方案。调研阶段可以基于如下几个问题考虑。

（1）用户对各套方案的第一印象。

（2）用户对各套方案的综合印象。

（3）用户对各套方案的单独评价。

（4）选出最喜欢的方案。

（5）选出其次喜欢的方案。

（6）对各方案的色彩、文字、图形等分别打分。

（7）结论出来以后，请所有用户说出最受欢迎方案的优缺点。

4. 改进与验证阶段

经过用户调研，得到目标用户最喜欢的方案，了解用户为什么喜欢，还有什么需要改进的，此时就可以进行方案的改进了。如果前期做方案时采用的是原型图的表现形式，那么在方案选定后就可以以敲定的方案效果图为基准开始进行美化设计。

19.2 APP界面设计——手机游戏

本案例设计的是一款手机游戏的APP界面，效果如图19-2所示。

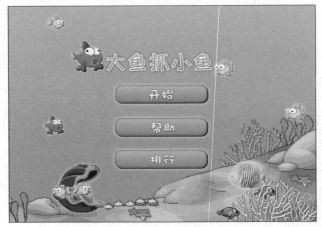

图19-2　APP界面

专家提醒

游戏中的很多操作是由界面承载的，一个良好的游戏界面能够帮助玩家快速上手。界面包括游戏主界面、二级界面、弹出界面等很多种类。游戏界面的合理化设计是探讨人与机器进行交互的操作方式，进而营造效果美观、操作简单且具有引导功能的人机环境。

19.2.1　绘制背景效果

绘制APP界面背景效果的具体操作步骤如下。

步骤01 按Ctrl + N组合键，新建一个名为"大鱼抓小鱼APP界面"的RGB模式的图像文件，设置"宽度"为8.42cm、"高度"为6.12cm，如图19-3所示，单击"确定"按钮。

步骤02 按Ctrl + O组合键，打开"游戏背景.psd"素材图像。选择打开的图像，按Ctrl + C组合键复制选择的图像，确认"大鱼抓小鱼APP界面"文件为当前工作文件，按Ctrl + V组合键粘贴选择的图像并调整图像至合适的位置，效果如图19-4所示。

图19-3　新建文件

图19-4　复制、粘贴并调整素材图像

步骤03| 按Ctrl＋O组合键，打开"鱼.psd"素材图像，如图19-5所示。

步骤04| 选择打开的图像，按Ctrl＋C组合键复制选择的图像，确认"大鱼抓小鱼APP界面"文件为当前工作文件，按Ctrl＋V组合键粘贴选择的图像并调整图像至合适的位置，效果如图19-6所示。

图19-5　素材图像

图19-6　复制、粘贴并调整素材图像

19.2.2　绘制主体效果

绘制APP界面主体效果的具体操作步骤如下。

步骤01| 双击工具箱中的"渐变工具" ，显示"渐变"面板，设置"类型"为"线性"、"角度"为－90°，渐变色条下方渐变颜色滑块的颜色为黄橙色（RGB的参考值为254、198、86）和秋橙色（RGB的参考值为229、99、6），如图19-7所示。

步骤02| 选择工具箱中的"圆角矩形工具" ，绘制一个圆角半径为0.18cm的圆角矩形并填充渐变颜色，效果如图19-8所示。

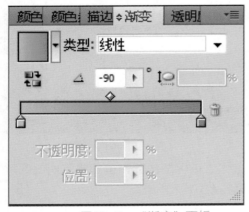

图19-7　"渐变"面板

图19-8　绘制并填充圆角矩形

步骤03| 保持绘制的圆角矩形处于被选择状态，按Ctrl＋C组合键复制选择的图形，按Ctrl＋F组合键将复制的图形粘贴在原图形的前面，在工具属性栏中设置"填色"为黑色，效果如图19-9所示。

步骤04| 保持复制的圆角矩形处于被选择状态，执行"对象"|"排列"|"后移一层"命令，如图19-10所示，将复制的圆角矩形向后移一层。

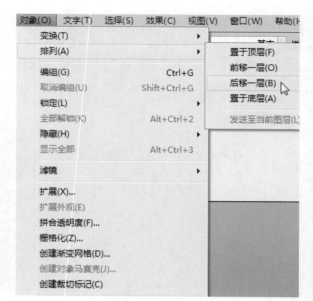

图19-9　复制并填充黑色

图19-10　选择"后移一层"命令

步骤05| 保持复制的圆角矩形处于被选择状态，按键盘上的→键和↓键，调整图形的位置，效果如图19-11所示。

步骤06| 选择绘制的原圆角矩形，执行"效果"|"风格化"|"内发光"命令，弹出"内发光"对话框，设置"模式"为"正常"、"不透明度"为40%、"模糊"为0.06cm、色块为黑色，单击"确定"按钮，效果如图19-12所示。

图19-11　调整图形的位置

图19-12　内发光效果

步骤07| 选择工具箱中的"选择工具" ，在当前工作窗口中按住Shift键选择复制的圆角矩形，按Ctrl＋G组合键将选择的图形进行编组，效果如图19-13所示。

步骤08| 选择编组的图形，执行"效果"|"风格化"|"外发光"命令，弹出"外发光"对话框，设置"模式"为"正常"、"不透明度"为100%、"模糊"为0.05cm、色块为白色，如图19-14所示。

步骤09| 单击"确定"按钮，即可得到外发光效果，效果如图19-15所示。

步骤10| 按住Alt键单击鼠标左键并进行拖动，复制两个圆角矩形并调整图形至合适的位置，效果如图19-16所示。

图19-13 编组图形

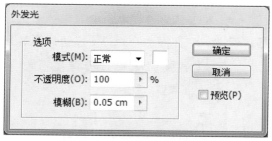

图19-14 "外发光"对话框

图19-15 外发光效果

图19-16 复制并调整图形的位置

19.2.3 绘制整体效果

绘制APP界面整体效果的具体操作步骤如下。

步骤01 选择工具箱中的"文字工具"T，在当前工作窗口中单击鼠标左键以确认插入点，设置"字体"为"方正卡通简体"、"字体大小"为17pt、"填色"为白色，输入文字"大鱼抓小鱼"，效果如图19-17所示。

步骤02 选择工具箱中的"自由变换工具"，将鼠标指针移至输入的文字的上方，单击鼠标右键，在弹出的快捷菜单中选择"创建轮廓"命令，如图19-18所示。

图19-17 设置并输入文字

图19-18 选择"创建轮廓"命令

步骤03| 双击工具箱中的"渐变工具"  ，显示"渐变"面板，设置"类型"为"线性"、"角度"为–90°、渐变色条下方渐变颜色滑块的颜色为黄橙色（RGB的参考值为254、181、70）和秋橙色（RGB的参考值为236、110、13），如图19-19所示。

步骤04| 在工具属性栏中设置"描边粗细"为0.2mm、"填色"为白色，展开"描边"面板，设置"对齐描边"为"使描边外侧对齐" 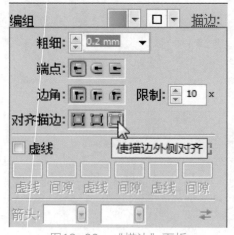 ，如图19-20所示。

图19-19 "渐变"面板

图19-20 "描边"面板

步骤05| 执行"效果"|"风格化"|"投影"命令，弹出"投影"对话框，设置"不透明度"为50%、"模糊"为0.03cm，"X位移"和"Y位移"均为0cm，如图19-21所示。

步骤06| 单击"确定"按钮，即可设置投影效果，效果如图19-22所示。

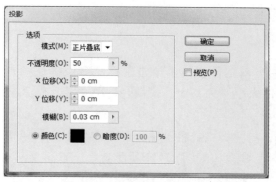

图19-21 "投影"对话框

图19-22 投影效果

专家提醒

　　使用"投影"命令，可以为选择的对象添加不同的投影效果。它既可以针对矢量图形，也可以针对位图图像。另外，单击"暗度"单选按钮后，在其右侧设置数值，可以控制投影的明暗程度。

步骤07| 选择工具箱中的"文字工具" 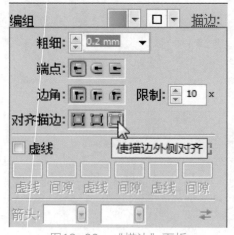 ，确认插入点，在"字符"面板中设置"字体"为"华康娃娃体"、"字体大小"为10pt，在工具属性栏中设置"填色"和"描边"均为白色、"描边粗细"为0.1mm，输入文本"开始"，效果如图19-23所示。

步骤08| 执行"效果"|"风格化"|"投影"命令，弹出"投影"对话框，设置"不透明度"为75%、"模糊"为0.02cm，"X位移"和"Y位移"均为0cm，如图19-24所示。

图19-23　设置并输入文字

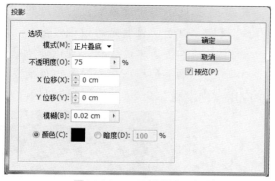

图19-24　"投影"对话框

步骤09| 单击"确定"按钮，即可得到投影效果，效果如图19-25所示。

步骤10| 使用与上面同样的方法，输入文字"帮助""排行"并设置相应属性，效果如图19-26所示。

图19-25　投影效果

图19-26　制作效果

19.3 知识链接——"内发光"命令

在当前工作窗口中选择一个矢量图形，执行"效果"|"风格化"|"内发光"命令，弹出"内发光"对话框，如图19-27所示。

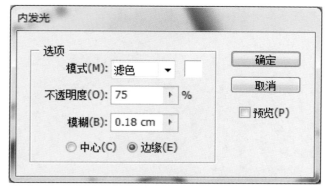

图19-27　"内发光"对话框

该对话框中主要参数的含义如下。

- 模式：用于设置发光的模式。
- 不透明度：用于设置发光的不透明度。
- 模糊：用于设置发光的模糊程度。
- 中心：单击该单选按钮，可以使所选对象向内发光。
- 边缘：单击该单选按钮，可以使所选对象的边缘向内发光。

应用"内发光"命令后的效果如图19-28所示。

图19-28　内发光效果

专家提醒

在"内发光"对话框中，系统默认的颜色为黑色。如果在色块上单击鼠标左键，会弹出"拾色器"对话框，设置需要的颜色，单击"确定"按钮即可改变内发光的颜色。

第20章
商业插画设计

插画是近年来随着计算机技术的发展而出现的一个新名词。目前，插画已被广泛应用于广告招贴、包装设计、卡通吉祥物设计和服装设计等多个领域，甚至网上流行的Flash矢量动画也可以被列入插画的范畴。插画可以突出主题思想，增强艺术感染力，现已成为一个独立的艺术门类。

 本章重点

◆ 关于插画
◆ 插画设计——浪漫海岸
◆ 知识链接——光晕工具

效果展示

"插画"与"插图"经常被人混淆使用，但它们的含义并不完全相同。"插图"主要是指出版物的配图，是为出版物服务的，依附于出版物；而"插画"则主要是针对现在比较流行的商业广告所采用的一种绘画形式，相对来说比较自由，它属于绘画的一种，可以单独欣赏。

20.1.1 插画的概念

"美术"是人类表现思维和精神的一种社会意识形态，泛指"含有美学情调和美学价值的活动及活动的产物"。美术常见的表现形式有雕塑、绘画、建筑、书法及雕刻等。根据其应用范畴的不同，大致可以分为商业性美术、工艺性美术和纯艺术性美术等几类。由于现代社会活动的多样渗透，大部分美术作品都可以被看成为一种商业性的手段。例如，为实现商业价值而通过计算机技术制作出来的美术类作品；为了获得更好的艺术表现力，赢得更高的商业价值而设计的建筑造型；画家创作出来的艺术作品，不管是水墨画还是油画、水粉画等，最终都要通过货币的交易，进入收藏或类似收藏的范畴。

插画是美术表现的一种手段。插图也是插画的一种形式，中国旧时称其为"出相""绣像""全图"等，如明清时有很多小说类艺术作品都会加上绣像传之类的名称。插图一般附在书刊中，有的被印在正文的中间，有的采用插页的方式，还有的以题花的形式表现，可以起到对正文内容补充说明、附加艺术欣赏性、填充版面空白等作用。

为企业或产品绘制，获得与之相关的报酬，作者放弃对作品的所有权，只保留署名权的商业买卖行为，其产物即"商业插画"。如图20-1所示为礼品的商业插画。

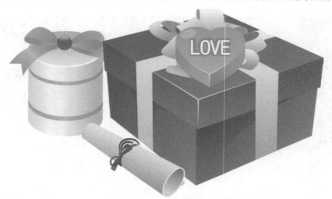

图20-1 商业插画

这与以前认为的"绘画"是有本质区别的。艺术绘画作品在没有被个人或机构收藏之前，可以被无限制地在各种媒体上展示，作者从中得到很小比例的报酬；而商业插画只能为一件商品或一个客户服务，一旦支付费用，作者便放弃了作品的所有权，而相应得到比例较大的报酬，这与绘画被收藏或拍卖的最终结果是相似的。

20.1.2 插画的三要素

一件完整的插画作品，首先要通俗易懂，能让普通观众明白作品的内涵，不能片面地追求艺术性。虽然受到西方艺术的影响，有些插画类作品也会采用抽象的表现形式，但要基于原对象的思想、观众的层次与定位、地域文化等。如果一幅抽象插画被放在一本通俗读物中，普通读者是很难从中感受到插画的艺术性的，甚至会由此产生排斥的负心理。当然，如果有针对性地面向读者定位，采用一些纯艺术性的表现形式，不但可以对原对象起到画龙点睛的作用，更能体现插画作品的个体艺术性，使读者心旷神怡、浮想联翩。

计算机图形图像技术的发展，为插画开辟了广阔而活跃的表现空间。通过运用计算机技术，可以将传统的艺术作品完美地再现出来。

在现代商业因素的驱动下，插画艺术表现出了越来越重要的商业价值。在日常生活中，插画作品无处不在，深深地影响着人们的衣食住行等社会活动。从简单的报纸杂志到复杂的商业广告，无不体现着插画艺术的巨大魅力。如图20-2所示为风景的商业插画。

图20-2　商业插画

商业插画有一定的规则，它必须具备以下三个要素。

（1）直接传达消费需求。

（2）符合大众的审美品位。

（3）夸张、强化商品特征。

专家提醒

随着时代和科学技术的发展，插画艺术也得到了更广泛的应用。从简单的书刊报花到复杂的广告宣传，处处可见插画艺术的踪影。插画艺术已经进入商业化时代，插画的概念也远远超出了传统限定的范畴，不再局限于某一种风格，并且打破了以往单一地使用材料的方式，为达到预想的效果，广泛地运用各种手段，这使得插画艺术的发展获得了更为广阔的空间。

20.1.3　商业插画的分类

商业插画的使用寿命是短暂的，一件商品或一个企业在进行更新换代时，此插画作品即宣告消亡。从某种角度上看，商业插画的结局似乎有些悲壮，但站在另一角度，商业插画在短暂的时间里所迸发的光辉是其他形式的艺术绘画所不能比拟的。因为商业插画是借助广告渠道进行传播的，其覆盖面很广，社会关注率也比艺术绘画高出许多倍。

商业插画有四个组成部分，即广告商业插画、卡通吉祥物设计、出版物插图、影视游戏美术设定。

1. 广告商业插画

利用广告商业插画（如图20-3所示）为商品服务时，必须具有强烈的消费意识；为广告商服务时，必须具有灵活的价值观念；为社会服务时，必须具有高度的群体责任。

图20-3　广告商业插画

2. 卡通吉祥物设计

卡通吉祥物（如图20-4所示）被分为产品吉祥物、企业吉祥物和社会吉祥物三种。产品吉祥物是寻找卡通与产品的结合点以体现产品；企业吉祥物是结合企业CI规范，为企业度身定制；社会吉祥物是分析社会活动特点，适时迎合以便于延展。

图20-4　卡通吉祥物

3. 出版物插图

出版物插图（如图20-5所示）被分为文学艺术类、儿童读物类、自然科学类和社会人文类等。文学艺术类的出版物插图应体现良好的艺术修养和文学功底；儿童读物类的出版物插图应体现健康、快乐的生活体验和童趣心理；自然科学类的出版物插图应体现广博的自然知识与成熟的见解；社会人文类的出版物插图应体现丰富多彩的生活阅历和深厚的人文底蕴。

图20-5　出版物插图

4. 影视游戏美术设定

影视游戏美术设定（如图20-6所示）被分为形象设计类、场景设计类和故事脚本类。形象设计类是人格置换、形神离合的情感流露；场景设计类是独特视角微观与宏观的综合；故事脚本类是文学音乐通过美术的手段进行体现。

图20-6　影视游戏美术设定

20.1.4　插画的基本类型

在大多数广告中插画比文案要占据更多的位置，它在商品促销方面与文案起着同等重要的作用，在某些招贴广告中插画甚至比文案更重要。

插画在广告中的主要功能包括吸引功能、看读功能和诱导功能。插画的"吸引功能"主要是指吸引消费者的注意。插画的"看读功能"是指美国广告界有人提出的插画的"阅读最省力原则"，即"看一眼广告比不看它也费不了多大劲"。插画的"诱导功能"是指抓住消费者的心理，把视线引至文案。好的插画应该能将广告内容与消费者的自身实际联系起来，插画本身应使消费者迷恋和感兴趣，画面要有足够的力量促使消费者进一步想要得知有关产品的细节内容，诱使消费者的视线从插画转入文案。

插画表现的形象包括产品本身、产品的某个部分、准备使用的产品、使用中的产品、试验对照的产品、产品的区别特征、使用该产品能得到的收益、不使用该产品可能带来的恶果、证词性图例等。

按插画的表现方法，可以将插画分为摄影插画、绘画插画（包括写实的、纯抽象的、新具象的、漫画卡通式的、图解式的……）和立体插画三大类型。

（1）摄影插画是最常用的一种插画，因为一般消费者认为照片是真实可靠的，它能客观地表现产品。

（2）绘画插画使用最多的技法是喷绘法，这是一种利用空气压缩机的气体输送，使颜料透过喷笔进行绘画的方法，特点是没有一般绘画所造成的笔触且画面过渡自然、应用价值极高。在绘画插画中，漫画卡通形式很多见。漫画卡通插画可分为夸张性插画、讽刺性插画、幽默性插画及诙谐性插画四种。

1）夸张性插画：将被描述对象的某些特点加以夸大和强调，突出事物的本质特征，从而加强表现效果。

2）讽刺性插画：一般用以贬斥敌对的或落后的事物，以讥讽的语气达到否定的效果。

3）幽默性插画：通过影射、讽喻、双关等修辞手法，在善意的微笑中揭露生活中乖讹和不通情理之处，从而引人发笑，从笑中领悟到一些事理。

4）诙谐性插画：使广告画面富有情趣，使人在轻松的情景中接受广告信息，在愉悦的环境中感受新鲜的概念。

（3）立体插画，通俗地讲，就是利用人们两眼的视觉差别和光学折射原理，在一个平面内使人们可直接看到三维立体画，画中物体既可以凸出于画面之外，也可以深藏于画面之中，给人们以很强的视觉冲击力。立体插画主要是运用光影、虚实、明暗对比来体现的，而真正的3D立体画是模拟人眼看世界的原理、利用光学折射制作出来的，可以使眼睛在感观上看到物体的上下、左右、前后三维关系。

20.1.5 插画的艺术形象

插画是运用图案表现形象，本着审美与实用相统一的原则，尽量使线条和形态清晰、明快，制作方便。插画是世界通用的语言，其设计在商业应用上通常被分为人物、动物、商品等形象。

1. 人物形象

插画以人物为题材，容易与消费者相投合，因为人物形象最能表现出可爱感与亲切感，其想象性创造空间非常大。形象塑造的比例是重点，生活中成年人的头身比例为1:7或1:5，儿童的头身比例为1:4左右，而卡通人物常以1:2或1:1的大头形态出现，这样的比例可以充分地利用头部面积来再现形象的神态。人物的脸部表情是整体形象的焦点，因此，描绘眼睛非常重要。运用夸张的变形不会给人以不自然、不舒服的感觉，反而能够使人发笑，让人产生好感，使整体形象更明朗，给人的印象更深刻。

2. 动物形象

以动物形象为插画形象的历史十分久远。在现实生活中有不少动物成了人们的宠物，将这些动物作为插画形象更易受到人们的欢迎。在创作动物形象时，必须重视创造性，注重形象的拟人化表现。例如，动物与人类的差别之一就是一些动物在表情上不能显露笑容，但是在插画形象中可以通过拟人化的手法赋予动物以人类般的笑容，使动物形象具有人情味。运用人们生活中所熟知的、喜爱的动物，较容易被人们所接受。

3. 商品形象

商品形象是拟人化手法在商品领域中的扩展，经过拟人化的商品给人以亲切感。商品形象的个性造型，令人们耳目一新，从而加深人们对商品的直接印象。以商品拟人化的构思来说，大致分为两类：一类为完全拟人化，即夸张商品，运用商品本身的特征和造型结构进行拟人化的表现；另一类为半拟人化，即在商品上另外附加与商品无关的手、足、头等作为拟人化的特征元素。

以上两种拟人化的塑造手法，使商品更富有人情味，也更加个性化。再通过动画形式，强调商品的特征，将其动作、语言与商品直接联系起来，使宣传效果更明显。

专家提醒

插画在传统应用中一般都出现在绣像类小说、宗教典册里。也是由宗教典册开始，插画慢慢向其他书籍渗透，一度广泛出现在评书、小说、农林、水利和医药等书籍中。

20.2 插画设计——浪漫海岸

本案例设计的是一款浪漫海岸插画，效果如图20-7所示。

图20-7　插画

20.2.1 绘制天空和海滩

绘制天空和海滩的具体操作步骤如下。

步骤01| 执行"文件"|"新建"命令，新建一个A4大小的横向的空白图像文件，如图20-8所示。

步骤02| 在"渐变"面板中设置"类型"为"线性"、"角度"为90°，分别在渐变色条下方的20%、40%和100%位置处添加渐变颜色滑块，设置颜色分别为浅蓝色（CMYK的参考值为13、1、2、0）、蓝色（CMYK的参考值为70、3、7、0）和深蓝色（CMYK的参考值为94、56、0、0），如图20-9所示。

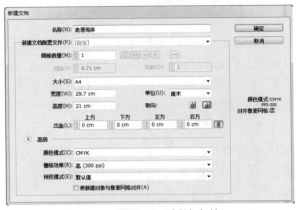
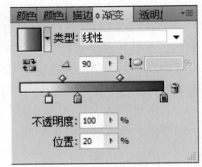

图20-8 新建文件　　　　　　　　　　图20-9 "渐变"面板

步骤03| 选择工具箱中的"矩形工具" ▢ ，绘制一个与页面相同大小的矩形并进行相应的调整，效果如图20-10所示。

步骤04| 运用"矩形工具" ▢ 绘制另一个矩形，在"渐变"面板中设置"类型"为"线性"，在渐变色条下方的0%和85%位置处添加渐变颜色滑块，设置颜色分别为白色和肉色（CMYK的参考值为2、9、19、0），设置"角度"为-90°，矩形效果如图20-11所示。

图20-10 绘制并调整矩形　　　　　　图20-11 绘制并填充矩形

步骤05| 选择工具箱中的"钢笔工具" ✎ ，在当前工作窗口中的合适位置单击鼠标左键以创建一个锚点，将鼠标指针移至另一位置，单击鼠标左键并进行拖动，绘制一条曲线路径，效果如图20-12所示。

步骤06| 使用与上面同样的方法，创建其他锚点，绘制一条闭合路径，效果如图20-13所示。

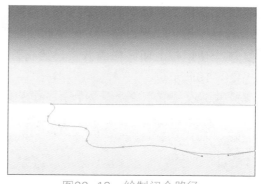

图20-12 绘制曲线路径　　　　　　　　　　图20-13 绘制闭合路径

步骤07| 将绘制的闭合路径进行渐变填充，在"渐变"面板中设置"类型"为"线性"，在渐变色条下方的0%、70%和100%位置处添加渐变颜色滑块，分别设置其颜色为淡蓝色（CMYK的参考值为22、0、8、0）、蓝色（CMYK的参考值为90、16、0、0）和深蓝色（CMYK的参考值为98、85、0、0），然后设置"角度"为﹣100°，填充效果如图20-14所示。

步骤08| 使用与上面同样的方法，绘制另外三条闭合路径，设置"填色"为白色，并设置相应的不透明度，效果如图20-15所示。

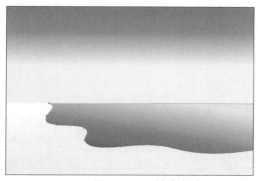

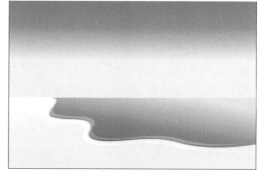

图20-14 填充颜色　　　　　　　　　　图20-15 绘制路径并填充颜色

步骤09| 选择工具箱中的"椭圆工具" ，在当前工作窗口中的合适位置绘制一个正圆，设置"填色"为白色、"不透明度"为40%，效果如图20-16所示。

步骤10| 使用与上面同样的方法，绘制并设置其他正圆，效果如图20-17所示。

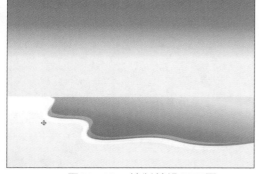

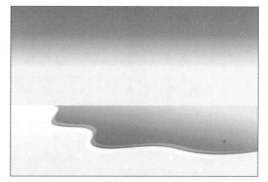

图20-16 绘制并设置正圆　　　　　　　　图20-17 绘制并设置其他正圆

步骤11| 选择工具箱中的"多边形工具"，在当前工作窗口中的合适位置绘制一个六边形，设置"填色"为白色、"不透明度"为17%，效果如图20-18所示。

步骤12| 使用与上面同样的方法，绘制另外一个六边形，并将两个六边形进行编组，效果如图20-19所示。

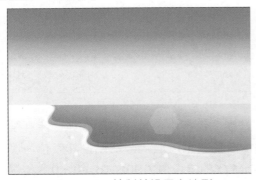

图20-18　绘制并设置六边形

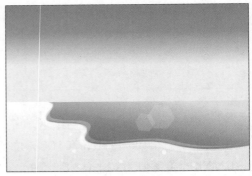

图20-19　制作结果

步骤13| 将编组后的图形进行复制、粘贴操作，并调整其位置和大小，效果如图20-20所示。

步骤14| 选择工具箱中的"椭圆工具"，在当前工作窗口中的合适位置绘制一个椭圆，设置"填色"为白色，效果如图20-21所示。

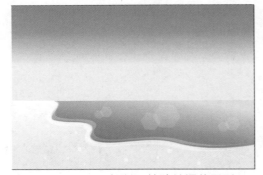

图20-20　复制、粘贴并调整图形

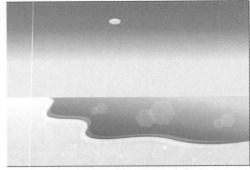

图20-21　绘制并设置椭圆

步骤15| 运用"椭圆工具"绘制另外一个椭圆，效果如图20-22所示。

步骤16| 使用与上面同样的方法，绘制其他椭圆，效果如图20-23所示。

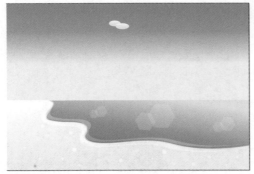

图20-22　绘制另一个椭圆

图20-23　绘制其他椭圆

步骤17| 将所有绘制的椭圆进行编组，并设置"不透明度"为46%，效果如图20-24所示。

步骤18| 复制并粘贴两个编组后的图形，调整其位置和大小，效果如图20-25所示。

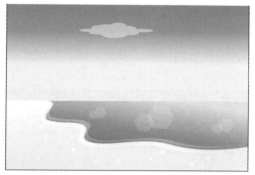
图20-24 编组并设置图形

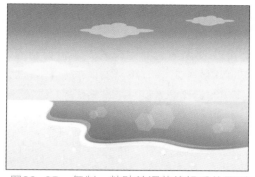
图20-25 复制、粘贴并调整编组后的图形

步骤19| 选择工具箱中的"光晕工具" ，如图20-26所示。

步骤20| 在当前工作窗口中的合适位置单击鼠标左键并进行拖动，至合适位置后释放鼠标左键，效果如图20-27所示。

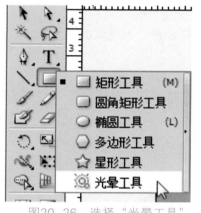
图20-26 选择"光晕工具"

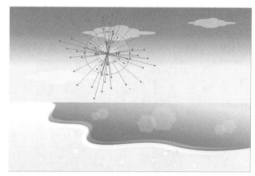
图20-27 添加光晕效果

步骤21| 将鼠标指针移至另一位置，单击鼠标左键创建光晕效果，效果如图20-28所示。

步骤22| 使用与上面同样的方法，继续添加光晕效果，效果如图20-29所示。

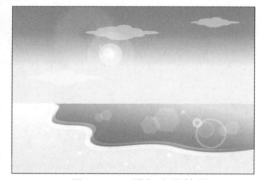
图20-28 添加光晕效果

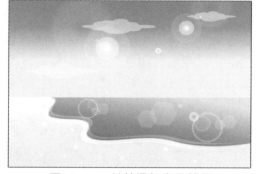
图20-29 继续添加光晕效果

20.2.2 绘制山和树

绘制山和树的具体操作步骤如下。

步骤01| 运用工具箱中的"钢笔工具" ，在当前工作窗口中的合适位置绘制一条闭合

路径作为山峰，设置"填色"为草绿色（CMYK的参考值为63、18、89、5），效果如图20-30所示。

步骤02｜使用与上面同样的方法，绘制另外一条闭合路径作为山峰，设置"填色"为墨绿色（CMYK的参考值为75、31、97、16），调整其叠放顺序，效果如图20-31所示。

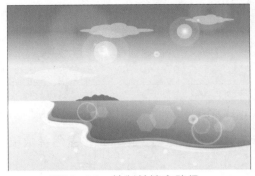
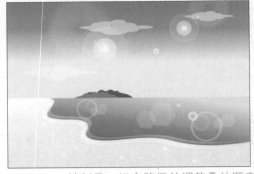

图20-30　绘制并填充路径　　　　　图20-31　绘制另一闭合路径并调整叠放顺序

步骤03｜对绘制的墨绿色山峰进行复制及镜像操作，并设置"不透明度"为36%，效果如图20-32所示。

步骤04｜复制、粘贴绘制的山峰并调整其位置，效果如图20-33所示。

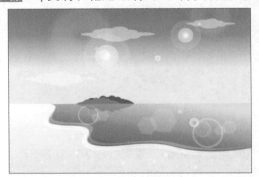
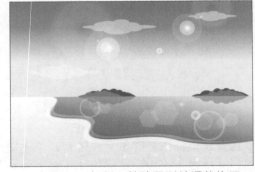

图20-32　复制及镜像图形并设置不透明度　　　　　图20-33　复制、粘贴图形并调整位置

步骤05｜运用工具箱中的"钢笔工具" ，在当前工作窗口中的合适位置绘制一条闭合路径，设置"颜色"为绿色（CMYK的参考值为64、21、88、6），效果如图20-34所示。

步骤06｜将绘制的闭合路径进行复制，设置"不透明度"为73%，调整其位置和叠放顺序，效果如图20-35所示。

图20-34　绘制并填充路径　　　　　图20-35　制作效果

步骤07 选择工具箱中的"钢笔工具" ，绘制一条闭合路径，效果如图20-36所示。

步骤08 将闭合路径进行渐变填充，在"渐变"面板中设置"类型"为"线性"，在渐变色条下方的0%、50%和100%位置处添加渐变颜色滑块，分别设置颜色为土黄色（CMYK的参考值为22、40、98、8）、褐色（CMYK的参考值为22、62、94、8）和深褐色（CMYK的参考值为40、90、94、48），并设置"角度"为-107°，效果如图20-37所示。

图20-36 绘制闭合路径

图20-37 填充路径并设置角度

步骤09 运用工具箱中的"钢笔工具" ，在当前工作窗口中的合适位置绘制一条闭合路径，设置"填色"为草绿色（CMYK的参考值为38、11、94、2），效果如图20-38所示。

步骤10 使用与上面同样的方法，绘制并填充其他闭合路径，并将其进行编组，效果如图20-39所示。

图20-38 绘制并填充路径

图20-39 制作结果

步骤11 使用与上面同样的方法，绘制另外一层叶子并填充相应的颜色，调整其叠放顺序，效果如图20-40所示，然后将所有树图形包含的对象进行编组。

步骤12 对编组后的图形进行复制、粘贴操作，并调整其位置和大小，效果如图20-41所示。

图20-40 制作结果

图20-41 复制、粘贴并调整图形

步骤13 选择工具箱中的"矩形工具"■，在当前工作窗口中的合适位置绘制一个矩形，效果如图20-42所示。

步骤14 运用"选择工具"▶依次选择绘制的矩形及复制、粘贴的图形，单击鼠标右键，在弹出的快捷菜单中选择"建立剪切蒙版"命令，创建剪切蒙版，效果如图20-43所示，完成浪漫海岸商业插画的制作。

图20-42　绘制矩形　　　　　　　　图20-43　创建剪切蒙版

20.3 知识链接——光晕工具

使用"光晕工具"◎，可以绘制出辉光闪耀的效果。该效果具有明亮的中心、晕轮、射线和光圈，在其他对象上使用时会产生类似镜头眩光的特殊效果。下面将详细介绍"光晕工具"◎的使用技巧。

20.3.1　使用"光晕工具"制作任意光晕效果

选择工具箱中的"光晕工具"◎，移动鼠标指针至当前工作窗口，单击鼠标左键并进行拖动，确认光晕效果的整体大小，释放鼠标左键后，移动鼠标指针至合适位置，确认光晕效果的长度，再次释放鼠标左键，即可得到光晕效果，效果如图20-44所示。

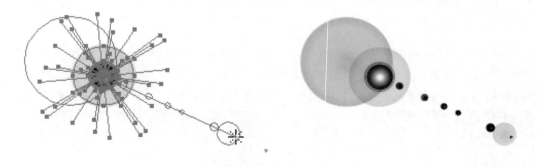

图20-44　使用"光晕工具"绘制光晕效果

20.3.2　使用"光晕工具"精确制作光晕效果

如果要精确绘制光晕效果，可以在选择"光晕工具"◎的情况下，在当前工作窗口中单击鼠标左键，此时弹出"光晕工具选项"对话框，如图20-45所示。

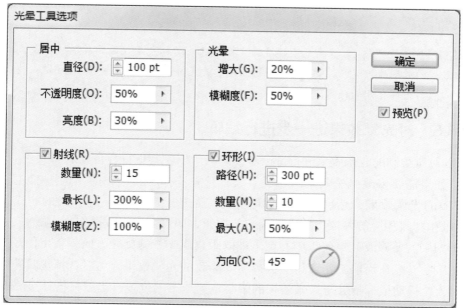

图20-45 "光晕工具选项"对话框

该对话框中主要参数的含义如下。

● 居中：该选项区中的"直径"参数用于设置光晕中心点的直径；"不透明度"参数用于设置光晕中心点的透明程度；"亮度"参数用于设置光晕中心点的明暗强弱程度。

● 光晕：该选项区中的"增大"参数用于设置光晕效果的发光程度；"模糊度"参数用于设置光晕效果中光晕的柔和程度。

● 射线：该选项区中的"数量"参数用于设置光晕效果中放射线的数量；"最长"参数用于设置光晕效果中放射线的长度；"模糊度"参数用于设置光晕效果中放射线的密度。

● 环形：该选项区中的"路径"参数用于设置光晕效果中心与末端的距离；"数量"参数用于设置光晕效果中光环的数量；"最大"参数用于设置光晕效果中光环的最大比例；"方向"参数用于设置光晕效果的发射角度。

在"光晕工具选项"对话框中，各参数设置如图20-46所示，单击"确定"按钮，绘制的光晕效果如图20-47所示。

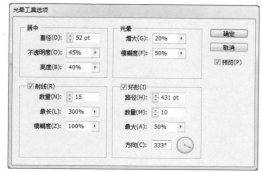

图20-46 "光晕工具选项"对话框

图20-47 光晕效果

技巧点拨

在使用"光晕工具" 🔍 绘制光晕效果时，按↑键，增加光晕效果的放射线数量；按↓键，减少光晕效果的放射线数量；按Shift键，将约束光晕效果的放射线的角度；按Ctrl键，将改变光晕效果的中心点与光环之间的距离。

20.3.3　对光晕效果进一步进行编辑

还可以对所绘制的光晕效果进行进一步的编辑，以使其更符合自己的需要。

（1）如果需要修改光晕效果的相关参数，首先选择工具箱中的"选择工具" ▶，选择需要修改的光晕效果，然后双击工具箱中的"光晕工具" 🔍，在弹出的"光晕工具选项"对话框中修改相应的参数，单击"确定"按钮，即可完成修改操作。

（2）如果需要修改光晕效果中心至末端的距离或光晕的旋转方向等，可使用工具箱中的"选择工具" ▶在当前工作窗口中选择需要修改的光晕效果，然后选择工具箱中的"光晕工具" 🔍，移动鼠标指针至光晕效果的中心位置或末端位置，当鼠标指针呈 ✛ 形状时，拖动鼠标指针即可完成修改操作，效果如图20-48所示。

编辑状态　　　　　　　　　　　　　　　　编辑结果

图20-48　编辑光晕效果

第21章
卡通漫画设计

　　随着信息时代的到来，卡通漫画的前景变得越来越广阔，它正飞速形成一个新的产业链，并推进社会的进步。国内的漫画形式多种多样，有评论政治时事的，有讲述故事情节的，有专为女孩创作的充满梦幻色彩的。

 本章重点

- ◆ 关于卡通漫画
- ◆ 卡通漫画设计——QQ表情
- ◆ 知识链接——直接选择工具

效果展示

21.1 关于卡通漫画

在平面设计中，漫画正以其强势的力量迅速发展起来，以各种风格、各种流派创作出来的漫画精品层出不穷，漫画家也如雨后春笋般越来越多地涌现。卡通漫画有其独特的表现手法，以幽默的情节激发人们无穷的想象力并给人们带来欢笑，其亮丽的色彩、精美的画面让人感到美不胜收。

21.1.1 卡通漫画的概念

卡通漫画在商业广告中的应用越来越广泛，其形象的设计配合贴切的广告语，在商业广告设计中大放异彩，尤其深受青少年们的喜爱。在带给人们美的享受的同时，也成功地使商业广告宣传深入人心。如图21-1所示为小和尚的卡通漫画。

图21-1　卡通漫画

专家提醒

在生活中，人们经常看到不同形式的卡通漫画，有抽象的，也有具象的。这些卡通漫画伴随着孩子们开心地成长，同时也作为商品销售，让越来越多的人喜欢它们。

21.1.2 卡通漫画人物的造型特点

卡通漫画是一种活泼、可爱的生活艺术表现形式，对于广大的青少年具有很强的吸引力。绘制卡通漫画不需要太复杂的操作，所需要的仅仅是一定的空间透视能力和良好的耐心。卡通漫画的绘制不必在形态上进行过分的追求，只要通过画面能表现出一定的意思就可以了。如图21-2所示为美少女的卡通漫画。

卡通漫画人物的造型特点主要有以下几点。

（1）角色造型的非现实性：事实上，所有卡通漫画人物的绘制基本上都属于架空概念的造型艺术，卡通漫画人物的整体特性是由其所属的故事内容所决定的。在文化艺术创作领域中，卡通漫画人物是构筑一个全虚拟艺术造型世界的基本元素，因此，卡通漫画人物具有很强的非现实性，在设计时允许对现实人物造型进行一定程度的艺术改造、加工和夸张。

图21-2　卡通漫画

（2）角色造型的艺术夸张度：基于卡通漫画人物造型的非现实性，对其进行艺术夸张的程度并不设限，可以很写实，也可以很夸张。即使基于现实创作的人物角色，也依然会给予一定的夸张，这可以从写实派卡通漫画作品中看出来。例如，欧美卡通漫画中的超人、蝙蝠侠等均是基于写实人物的造型，只在面部和身体的结构方面进行适当夸张，在发型方面略有夸张；在部分卡通漫画影视作品或游戏作品中，其人物造型是根据故事内容整体进行相应的夸张设定，在五官的结构方面有所夸张，而在造型方面基本无夸张的成分。

（3）角色造型的整体性：针对卡通漫画人物的整体造型进行设计，这是人物角色面部与发型是否协调的关键所在。一个写实的人物造型，必须配以相对写实的发型；而一个夸张的人物造型却可以有写实和夸张的两种发型选择，其夸张程度必须以角色自身的夸张程度为标准。

21.1.3　卡通漫画形象的造型方法

卡通漫画对于广大的青少年具有极强的吸引力。如图21-3所示为动物的卡通漫画。

想唱就唱，我也要唱

图21-3　卡通漫画

下面介绍卡通漫画形象的几种造型方法。

（1）几何形组合：这与作为绘画基础的素描造型的基本原理相同。人们所观察到的任何一个自然形态都是由几何形构成的，这些几何形组成了自然形态的基本骨架。在绘制卡通漫画形象时，应从大处着眼，将自然形态的物体加以划分，以几何形化的思维方法来观察、分析它们，从而绘制出它们的基本形态。

（2）夸张变形：夸张变形是卡通漫画形象设计中最常用的方法。夸张变形不是随意地扩大或缩小，而是在了解自然形态的基础上，根据自然形态的内在骨骼结构、肌肉和皮毛的走向变化来进行的。

（3）拟人化处理：拟人化处理是卡通漫画形象设计中一个重要的创作方法。在卡通漫画形象的设计中，对于动物、植物、道具等的表现往往采用拟人化的手法。对于动物类角色的拟人化处理就是让其直立，像人类一样奔跑、跳跃，完全模拟人类的动作，再将人类的语言、性格、服饰等赋予这些角色。在这里需要注意的是，动物类角色的拟人化并非只是让动物直立行走或绘制动物的头部再加上人类的身体那么简单，在处理动物的身体部位时，还应对照动物原来的体貌特征，尽量再现动物原本的特点，这样设计出的拟人化形象才会活灵活现、生动有趣。对于植物、道具等角色的拟人化处理，通常会采用"添加"的手法，这是因为它们不像动物那样本身就有五官和四肢，需要设计师来酌情添加。通过为一棵参天大树添加五官和胡子，再把树干变形成手臂，会使其成为智慧、慈祥的老树精；通过为一个路边的消防栓添加五官和四肢，可以将其变成生龙活虎的救火战士。总之，设计师应在将变形角色的原本形态与人类的外部特征有机结合的基础上，最大限度地发挥个人的想象力，完成角色的拟人化处理。

21.2 卡通漫画设计——QQ表情

日常生活中最常见且应用率最高的，莫过于QQ表情了。本案例将设计一款QQ表情，效果如图21-4所示。

图21-4　QQ表情

21.2.1 绘制轮廓图形

绘制QQ表情轮廓图形的具体操作步骤如下。

步骤01 按Ctrl＋N组合键，弹出"新建文档"对话框，在"名称"文本框中输入文字"QQ表情"，设置"宽度"为25cm、"高度"为25cm、"颜色模式"为CMYK，如图21-5所示，单击"确定"按钮。

步骤02 双击工具箱中的"渐变工具" ，显示"渐变"面板，设置"类型"为"径向"，分别在渐变色条下方的0%、60%、84%和100%位置处添加渐变颜色滑块，设置颜色为淡黄色（CMYK的参考值为0、0、100、0）、黄色（CMYK的参考值为0、15、100、0）、橙色（CMYK的参考值为0、29、100、0）、橘红色（CMYK的参考值为0、77、100、0），如图21-6所示。

图21-5 新建文件

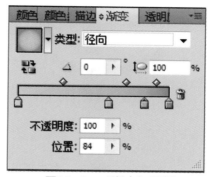

图21-6 "渐变"面板

步骤03 选择工具箱中的"椭圆工具" ，设置"描边"为黑色、"描边粗细"为0.088mm，如图21-7所示。

图21-7 工具属性栏

步骤04 移动鼠标指针至当前工作窗口，在窗口中按住Shift键单击鼠标左键并进行拖动，绘制一个正圆，作为QQ表情的脸部，效果如图21-8所示。

步骤05 参照上述步骤，绘制一个"填色"为白色、"描边"为"无"的正圆，制作QQ表情的脸部轮廓，效果如图21-9所示。

图21-8 绘制正圆

图21-9 绘制正圆

步骤06| 保持白色正圆处于被选择状态，选择工具箱中的"选择工具" ![选择工具图标]，移动鼠标指针至白色正圆的上方，按住Alt键单击鼠标左键并向右水平拖动，移动并复制白色正圆，效果如图21-10所示。

步骤07| 选择工具箱中的"选择工具" ![选择工具图标]，在当前工作窗口中按住Shift键依次选择两个白色正圆，执行"窗口"|"路径查找器"命令，显示"路径查找器"面板，如图21-11所示。

图21-10　移动并复制正圆

图21-11　"路径查找器"面板

![专家提醒图标] **专家提醒**

要水平移动并复制图形，首先要选择工具箱中的"选择工具" ![选择工具图标]。

步骤08| 单击"路径查找器"面板中的"减去顶层"按钮 ![按钮] 修剪图形，效果如图21-12所示。

步骤09| 选择工具箱中的"矩形工具" ![矩形工具图标]，其工具属性栏中的参数设置不变，绘制两个白色矩形，效果如图21-13所示。

图21-12　相减效果

图21-13　绘制矩形

步骤10| 选择工具箱中的"选择工具" ![选择工具图标]，在当前工作窗口中按住Shift键依次选择三个白色的图形，如图21-14所示。

步骤11| 单击"路径查找器"面板中的"减去顶层"按钮 ![按钮] 修剪图形，效果如图21-15所示。

图21-14　选择图形

图21-15　相减效果

21.2.2　绘制面部图形

绘制QQ表情面部图形的具体操作步骤如下。

步骤01 选择工具箱中的"钢笔工具" ，在"渐变"面板中设置渐变色条下方两个渐变颜色滑块的颜色分别为红色（CMYK的参考值为0、96、100、0）和黑色（CMYK的参考值为75、73、59、82），如图21-16所示，在工具属性栏中设置"描边"为黑色、"描边粗细"为0.176mm。

步骤02 移动鼠标指针至当前工作窗口中，在白色图形左侧单击鼠标左键以确定起始点，向下移动鼠标指针，单击鼠标左键并进行拖动，绘制一条曲线路径，效果如图21-17所示。

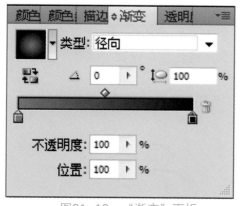
图21-16　"渐变"面板

图21-17　绘制曲线路径

步骤03 参照上述操作，在当前工作窗口中绘制一条闭合路径，作为QQ表情的嘴巴，效果如图21-18所示。

步骤04 选择工具箱中的"钢笔工具" ，在工具属性栏中设置"填色"为"无"、"描边"为黑色、"描边粗细"为1.058mm，在当前工作窗口中绘制一条曲线路径，作为QQ表情的眼睛，效果如图21-19所示。

步骤05 参照上述操作，绘制其他曲线路径，作为QQ表情的眼睛和眉毛，效果如图21-20所示。

图21-18　绘制闭合路径　　　　　　图21-19　绘制曲线路径

图21-20　绘制其他曲线路径

21.2.3　绘制手部图形

绘制QQ表情手部图形的具体操作步骤如下。

步骤01| 选择工具箱中的"钢笔工具" ，在工具属性栏中设置"填色"为白色、"描边"为黑色、"描边粗细"为0.353mm，如图21-21所示。

步骤02| 移动鼠标指针至当前工作窗口，在适当位置单击鼠标左键以确定起始点，绘制手部图形的闭合路径，效果如图21-22所示。

图21-21　设置属性　　　　　　　图21-22　绘制闭合路径

步骤03| 选择工具箱中的"直接选择工具" ，在绘制的图形上选择一个锚点，单击鼠标左键并拖动一侧的控制手柄，使曲线变得平滑，效果如图21-23所示。

步骤04 参照上述操作，调整其他锚点，效果如图21-24所示。

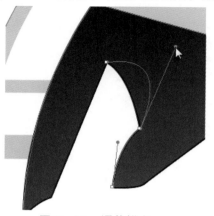

图21-23　调整锚点

图21-24　最终效果

在调整锚点时，可以按Ctrl+"+"组合键，放大工作窗口，以便于调整操作。

21.3 知识链接——直接选择工具

"直接选择工具" 被用于选择、移动与调整路径的单个锚点、某段路径和控制点。它与"选择工具" "移动"对话框的操作方法相似，只是"直接选择工具" 可以被用于调整路径以改变路径的形状和选择群组中的某一对象。

对于已经绘制好的对象或路径，在进行移动时使用"直接选择工具" 是最直接也是最简单的方法，还可以使用"直接选择工具" 调整路径。

21.3.1　选择与移动路径

使用"直接选择工具" 选择或移动对象或路径，可以节省操作时间，提高操作速度。

步骤01 新建一个图像文件，选择工具箱中的"钢笔工具" ，在工具属性栏中按住Shift键单击"填色"图标 ，弹出"颜色"面板，在其中设置颜色（CMYK的参考值为16、37、58、0）。

步骤02 移动鼠标指针至当前工作窗口，单击鼠标左键以创建第一点，移动鼠标指针至另一位置处以创建第二点，路径绘制效果如图21-25所示。

步骤03 依次创建锚点，绘制一条闭合路径，效果如图21-26所示。

步骤04 选择工具箱中的"椭圆工具" ，在工具属性栏中按住Shift键单击"填色"图标 ，弹出"颜色"面板，在其中设置颜色（CMYK的参考值为32、48、76、20）。

步骤05 移动鼠标指针至当前工作窗口，单击鼠标左键并进行拖动，绘制效果如图21-27所示。

步骤06 移动鼠标指针至控制框外，当鼠标指针呈 形状时，单击鼠标左键并进行拖动以旋转椭圆，效果如图21-28所示。

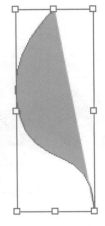

图21-25 绘制路径   图21-26 绘制闭合路径

图21-27 绘制椭圆   图21-28 旋转椭圆

步骤07| 选择工具箱中的"选择工具" ![选择工具图标]，选择旋转后的椭圆，按住Alt键单击鼠标左键并向右移动鼠标指针，至合适位置释放鼠标左键以复制选择的椭圆，然后调整其大小及位置，继续复制椭圆，效果如图21-29所示。

步骤08| 选择工具箱中的"直接选择工具" ![直接选择工具图标]，移动鼠标指针至当前工作窗口，单击鼠标左键，选择所需操作的对象，如图21-30所示。

图21-29 复制椭圆   图21-30 选择对象

步骤09 双击工具箱中的"直接选择工具" ，弹出"移动"对话框，设置参数如图21-31所示，单击"复制"按钮，即可将选择的对象向右移动并进行复制，效果如图21-32所示。

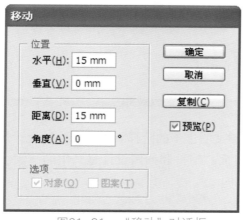

图21-31 "移动"对话框

图21-32 移动并复制对象

21.3.2 调整路径

使用"直接选择工具" 可以对路径中的锚点进行调整、编辑等操作，也可以使用工具箱中的"转换锚点工具" 进行调整。使用"直接选择工具" 调整路径后的效果如图21-33所示。

图21-33 调整效果

第22章
书籍装帧设计

　　书籍是人类文明的载体，也是人类文明进步的阶梯。书籍的装帧设计是指书籍的整体设计，它包括的内容很多，封面、扉页和插图设计是其中的三大主体设计要素。

 本章重点

- ◆ 关于书籍装帧设计
- ◆ 书籍装帧设计——《成长记》
- ◆ 知识链接——编辑文本格式

效果展示

22.1 关于书籍装帧设计

"书籍装帧设计"是指对于开本、字体、版面、插图、封面、护封，以及纸张、印刷、装订和材料的艺术设计，是从原稿到成品书的整体设计，它通过艺术形象设计的形式来反映书籍的内容。在当今琳琅满目的书海中，书籍装帧设计起着无声的推销员的作用，在一定程度上直接影响人们的购买欲。

22.1.1　书籍装帧设计的定义

书籍由封面、护封、腰封、护页、前勒口、后勒口构成。当护封与封面合二为一时，被称为"简精装"。有些书有环衬（或环扉页），环衬之后有一个护页，护页有时候不印内容或只印一个底色，护页之后是扉页，有些书籍中还有书函（或书套）。如图22-1所示为软件类的书籍装帧设计。

图22-1　软件类的书籍装帧设计

书籍装帧设计是书籍造型设计的总称，一般包括选择纸张和封面材料，确定开本、字体、字号，设计版式，决定装订方法以及印刷和制作方法，等等。

22.1.2　书籍装帧设计的要素

在进行书籍装帧设计时需要有效而恰当地反映书籍的内容、特色和著译者的意图，满足读者不同年龄、职业、性别的需要，还要考虑大多数人的审美欣赏习惯，并体现不同的民族风格和时代特征，符合当代的技术和购买能力。如图22-2所示为抒情散文类的书籍装帧设计。

图22-2 抒情散文类的书籍装帧设计

1. 封面设计

封面设计是书籍装帧设计的门面。配图、色彩和文字是封面设计的三要素。设计师根据书籍的不同性质、用途和读者对象，把这三者有机地结合起来，从而表现出书籍的丰富内涵，以传递信息为目的，通过富有美感的形式呈现给读者。

好的封面设计应该在内容的安排上做到繁而不乱，要有主有次、层次分明、简而不空，在简单的图形中蕴涵内容，通过增添细节的方式加以充实，如在色彩、印刷、图形装饰的设计上多做文章，使观者感受到一种气氛、一种意境或者一种格调。

（1）儿童类书籍：形式较为活泼，在设计时多采用儿童插图，配以活泼、稚拙的文字，以构成书籍的封面。

（2）画册类书籍：开本一般接近正方形，常用12开、24开等，便于安排图片，常用的设计手法是选用画册中具有代表性的图片并配以文字。

（3）文化类书籍：较为庄重，在设计时多采用内文中的重要图片作为封面的主要配图；文字的字体较为庄重，多用黑体或宋体；整体色彩的纯度和明度较低，视觉效果沉稳，以反映深厚的文化特色。如图22-3所示为文化类的书籍装帧设计。

（4）丛书类书籍：整套丛书的设计手法一致，每册书根据种类的不同而更换书名和主要配图，这通常是成套书籍封面的常用设计手法。

（5）工具类书籍：一般比较厚重，并且在日常生活中被经常使用，因此，在设计时为防止磨损多用硬书皮，封面图文设计较为严谨、工整，有较强的秩序感。

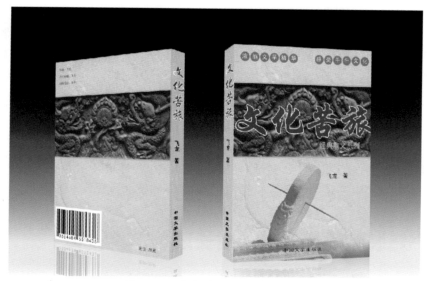

图22-3 文化类的书籍装帧设计

2. 正文设计

正文版式设计是书籍装帧设计的重点，应掌握以下六个要点。

（1）注意正文字体的样式、大小、字距和行距的关系。

（2）字体、字号应符合不同年龄层读者的要求。

（3）在文字版面的四周适当留有空白，使读者阅读时感到舒适、美观。

（4）正文的印刷色彩和纸张色彩要符合阅读功能的需要。

（5）注意正文中插图的位置，插图与正文、版面的关系要适当。

（6）彩色插图和正文的搭配要符合内容的需要并能增加读者的阅读兴趣。

3. 扉页设计

书籍不是一般的商品，而是一种文化。因此，在书籍装帧设计中哪怕是一条线、一行字、一个抽象符号、一两点色彩，都要具有一定的设计创意，既要有内容又要有美感，以达到雅俗共赏的目的。

扉页是现代书籍装帧设计不断发展的需要。一本内容很好的书籍如果缺少了扉页，就犹如白玉微瑕，降低了收藏价值。爱书之人对一本好书往往会倍加珍惜，如果书中缺少扉页，多少是一种遗憾。

扉页有如门面里的屏风，随着人们审美水平的提高，扉页的质量也越来越好。有的采用高质量的色纸，有的饰有肌理并散发清香，还有的附以装饰性的图案或与书籍内容相关且有代表性的插图设计等。这些对于爱书之人无疑是一份难以言表的喜悦，同时也提高了书籍的附加价值，可以吸引更多的购买者。随着人类文化的不断进步，扉页的设计越来越受到人们的重视，真正优秀的书籍应该仔细设计书中的扉页，以满足读者的要求。

4. 插图设计

插图设计是活跃书籍内容的一个重要因素。有了插图设计，更能发挥读者的想象力和提高其对内容的理解力，同时使其获得一种艺术的享受。尤其是少儿读物更是如此，因为少儿的大脑发育不够健全，对事物缺少理性的认识，只有较多的插图设计才能帮助他们理解、认知，并激起他们的阅读兴趣。

　　书籍里的插图设计主要包括美术设计师的创作稿、摄影图片和计算机设计图片等。摄影图片形式的插图很逼真，无疑很受欢迎，但印刷成本高，而且一些书籍（如科幻类作品）的插图受到条件的限制，通过摄影难以得到，这时必须依靠美术设计师的创作或计算机设计。在某些方面手绘作品更具有艺术性，这也许是摄影图片力所不及的。

专家提醒

　　书籍装帧设计是指从书籍文稿整理到成书出版的整个设计过程，也是书籍形式完成从平面化到立体化的过程，它是包含了艺术思维、构思创意和技术手法的系统设计。

22.2 书籍装帧设计——《成长记》

　　本案例是《成长记》一书的书籍装帧设计，效果如图22-4所示。

图22-4　书籍装帧设计

■ 22.2.1　绘制背景图形

　　绘制书籍装帧背景图形的具体操作步骤如下。

步骤01｜按Ctrl＋N组合键，新建一个名为"成长记书籍装帧"的CMYK模式的图像文件，设置"宽度"为10.6cm、"高度"为15cm，如图22-5所示，单击"确定"按钮。

步骤02｜选择工具箱中的"矩形工具" ，单击工具属性栏中的"填色"图标 ，在"色板"面板中单击"白色"色块，设置"描边"为"无"；移动鼠标指针至当前工作窗口，单击鼠标左键并进行拖动，绘制一个与页面同样大小的矩形，效果如图22-6所示。

步骤03｜按Ctrl＋O组合键，打开一幅风景素材图像，如图22-7所示。

步骤04｜选择工具箱中的"选择工具" ，在当前工作窗口中选择打开的素材图像，执行"编辑"｜"复制"命令复制选择的图像，确认"成长记书籍装帧"文件为当前工作文件，执行"编辑"｜"粘贴"命令粘贴选择的图像，调整图像的大小及位置，效果如图22-8所示。

图22-5　新建文件　　　　　　　　　　图22-6　绘制矩形

图22-7　素材图像　　　　　图22-8　复制、粘贴图像

步骤 05| 双击工具箱中的"渐变工具" ，在"渐变"面板中设置"类型"为"线性"、渐变色条下方两个渐变颜色滑块的颜色分别为白色和红色（CMYK的参考值为0、100、58、0），如图22-9所示。

步骤 06| 选择工具箱中的"钢笔工具" ，移动鼠标指针至当前工作窗口，在窗口中的右下角处单击鼠标左键，绘制一条闭合路径，效果如图22-10所示。

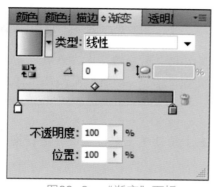

图22-9　"渐变"面板　　　　　　图22-10　绘制闭合路径

步骤07| 按Ctrl + O组合键，打开一幅人物素材图像，如图22-11所示。

步骤08| 选择工具箱中的"选择工具" ▶，在当前工作窗口中选择打开的素材图像，按Ctrl + C组合键复制选择的图像，确认"成长记书籍装帧"文件为当前工作文件，按Ctrl + V组合键粘贴选择的图像，在窗口中适当地调整图像的大小及位置，效果如图22-12所示。

图22-11　素材图像

图22-12　复制、粘贴图像

步骤09| 选择工具箱中的"椭圆工具" ◯，设置"描边"为红色（#E60012）、"描边粗细"为0.353mm、"画笔定义"为"粉笔-涂抹"；移动鼠标指针至当前工作窗口，在窗口右上角的空白区域处单击鼠标左键并进行拖动，绘制一个椭圆，效果如图22-13所示。

步骤10| 单击工具箱中的"互换填色和描边"按钮 ↰，将填色和描边进行互换；移动鼠标指针至当前工作窗口，在窗口中绘制的椭圆内单击鼠标左键并进行拖动，绘制一个椭圆，效果如图22-14所示。

图22-13　绘制椭圆

图22-14　绘制椭圆

步骤11| 运用"椭圆工具" ◯，在窗口中的右上角处单击鼠标左键并进行拖动，继续绘制椭圆，效果如图22-15所示。

步骤12| 依次绘制多个椭圆，效果如图22-16所示。

图22-15　绘制椭圆

图22-16　绘制多个椭圆

22.2.2　添加文字效果

添加书籍装帧文字效果的具体操作步骤如下。

步骤01｜ 选择工具箱中的"垂直文字工具" IT，在工具属性栏中设置"填色"为黑色，设置"字体"为"方正大标宋简体"、"字体大小"为46pt；移动鼠标指针至当前工作窗口，在窗口中的右上角处单击鼠标左键以确认插入点，然后输入文字"成长记"，效果如图22-17所示。

步骤02｜ 选择工具箱中的"垂直文字工具" IT，在当前工作窗口中选择输入的文字"长"，然后在"色板"面板中单击"白色"色块以更改其填充颜色，效果如图22-18所示。

图22-17　设置并输入文字

图22-18　更改文字的颜色

步骤03｜ 在工具属性栏中设置"字体"为"方正小标宋简体"、"字体大小"为12pt，然后在当前工作窗口中输入文字"龙飞■编著"，效果如图22-19所示。

步骤04｜ 在工具属性栏中设置"填色"为白色，然后在当前工作窗口中绘制的多个椭圆处输入文字"文学新课堂"，效果如图22-20所示。

图22-19　设置并输入文字　　　　图22-20　设置并输入文字

步骤05| 选择工具箱中的"文字工具" T，在工具属性栏中设置"字体"为"方正黑体简体"、"字体大小"为12pt、"字距"为600，然后在当前工作窗口中输入出版社名称，效果如图22-21所示。

步骤06| 运用工具箱中的"垂直文字工具" T，在当前工作窗口中输入其他文字，设置好文字的字体、字体大小、颜色，并调整文字的位置，效果如图22-22所示。

图22-21　设置并输入文字　　　　图22-22　设置并输入文字

专家提醒

　　读者可以在本案例的基础上举一反三，如为《成长记》一书制作立体效果，效果如图22-23所示。

图22-23　立体效果

22.3 知识链接——编辑文本格式

在Illustrator中，不仅可以使用面板来设置文本的格式，还可以通过"文字"菜单中的命令进行设置，但这种方法一般很少使用。与其他图形处理软件相比，Illustrator不仅在图形绘制和处理方面的功能强大，而且在文本格式的设置方面功能也很多，如设置字体类型、字体大小、方向、字体颜色属性等，这样就可以自由地编辑文本对象了。

22.3.1 使用"字符"面板

使用"字符"面板可以调整文本对象中的字符格式，如字体类型、字体大小、行距、字距、水平及垂直比例、间距等。

如果在当前工作窗口中没有显示"字符"面板，可以执行"窗口"|"文字"|"字符"命令，弹出"字符"面板，如图22-24所示。

图22-24 "字符"面板

在该面板中主要参数的含义如下。

- 宋体 ：用于设置文本的字体。
- - ：用于设置字体的样式。
- T 12 pt ：用于设置文本的字体大小。
- A 14.4 pt ：用于设置文本中行与行之间的距离。
- T 100% ：用于调整文本中字的宽度。
- IT 100% ：用于调整文本中字的高度。
- AV 自动 ：用于设置两个字符间的间距。
- AV 0 ：用于设置文本中字与字之间的距离。
- 0% ：用于设置比例间距。
- 自动 ：用于设置在光标前插入空格的距离。
- 自动 ：用于设置在光标后插入空格的距离。
- A 0 pt ：用于设置基线与字符间的距离。

● ⟨🎯 ⬦ 0° ▾⟩：用于设置旋转字符的字距。

步骤01｜按Ctrl＋O组合键，打开一幅素材图像，如图22-25所示。

步骤02｜选择工具箱中的"文字工具" **T**，在工具属性栏中单击"填色"图标□，弹出"颜色"面板，在其中设置颜色（RGB的参考值为130、16、210）；设置"描边"为白色、"描边粗细"为2像素、"字体"为"华文行楷"、"字体大小"为60像素。

步骤03｜移动鼠标指针至当前工作窗口，在对象上单击鼠标左键以确定文字的插入点，此时在单击的位置处出现闪烁的光标，效果如图22-26所示。

图22-25　素材图像

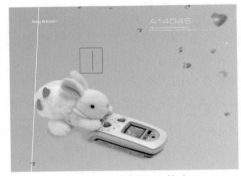
图22-26　光标显示状态

步骤04｜输入文字"音乐不断 魅力无限"，如图22-27所示，将鼠标指针移至文字"魅力无限"首字的开头位置处并单击鼠标左键以插入文字光标，效果如图22-28所示。

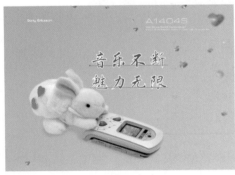
图22-27　输入文字

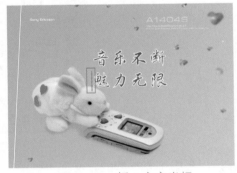
图22-28　插入文字光标

步骤05｜连续按空格键四次，将文字向右移动，效果如图22-29所示，使用文字光标选择文字"音乐"，选择后的文字如图22-30所示。

图22-29　移动文字

图22-30　选择文字

中文版｜Illustrator全套商业案例｜项目设计

272

步骤06| 执行"窗口"|"文字"|"字符"命令，弹出"字符"面板，在该面板中设置"字体大小"为72pt，其他参数设置如图22-31所示，文字修改效果如图22-32所示。

图22-31 "字符"面板

图22-32 修改文字

步骤07| 重复上述操作，选择文字"魅力"，调整后的效果如图22-33所示。

步骤08| 选择所有文字，执行"效果"|"风格化"|"投影"命令，弹出"投影"对话框，设置参数如图22-34所示。

图22-33 调整文字

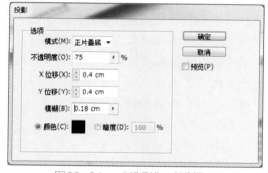

图22-34 "投影"对话框

步骤09| 单击"确定"按钮，即可得到文字的投影效果，效果如图22-35所示。

图22-35 投影效果

22.3.2 使用"段落"面板

使用"段落"面板，可以设置字符和段落文本的对齐方式，还可以设置段落文本的首行缩进、段间间隔、左缩进和右缩进等。

执行"窗口"|"文字"|"段落"命令，弹出"段落"面板，如图22-36所示，单击该面板右侧的按钮，弹出面板菜单，如图22-37所示。

图22-36　"段落"面板　　　图22-37　面板菜单

在"段落"面板中主要参数的含义如下。

- ■：单击该按钮，可以调整整行或整段文本进行左对齐。
- ■：单击该按钮，可以调整整行或整段文本进行居中对齐。
- ■：单击该按钮，可以调整整行或整段文本进行右对齐。
- ■：单击该按钮，可以调整整个段落文本进行两端对齐，但会将处于段落文本最后一行的文本进行左对齐。
- ■：单击该按钮，可以调整整个段落文本进行两端对齐，但会将处于段落文本最后一行的文本进行居中对齐。
- ■：单击该按钮，可以调整整个段落文本进行两端对齐，但会将处于段落文本最后一行的文本进行右对齐。
- ■：单击该按钮，可以调整整个段落文本进行左右两端对齐。
- +≣ ⬍ 0 pt：用于控制段落文本的左侧缩进量。
- ≣+ ⬍ 0 pt：用于控制段落文本的右侧缩进量。
- +≣ ⬍ 0 pt：用于控制段落文本的首行缩进量。
- ≣ ⬍ 0 pt：用于控制段落文本与上一段落文本的间距。
- ↓≣ ⬍ 0 pt：用于控制段落文本与下一段落文本的间距。
- 避头尾集：用于设置文字的软硬度。
- 标点挤压集：用于在编排段落文本时进行特殊处理。
- 连字：勾选该复选框，允许使用连字字符连接单词。

步骤01| 按Ctrl＋O组合键，打开一幅素材图像，如图22-38所示。

步骤02| 选择工具箱中的"文字工具" T ，在工具属性栏中单击"填色"图标□，弹出"颜色"面板，在其中设置颜色（RGB的参考值为255、0、0），设置"字体"为"隶书"、"字体大小"为36像素。

步骤03| 移动鼠标指针至当前工作窗口中，单击鼠标左键并进行拖动，创建一个文本框，效果如图22-39所示。

图22-38 素材图像

图22-39 创建文本框

步骤04| 在文本框中输入文字"祝福"，效果如图22-40所示。

步骤05| 在工具属性栏中设置"字体大小"为24pt，然后在输入的文字"祝福"后按Enter键进行换行，并输入段落文本，效果如图22-41所示。

图22-40 输入文字

图22-41 设置并输入段落文本

步骤06| 使用文字光标选择文字"祝福"，如图22-42所示，然后单击"段落"面板中的"居中对齐按钮" ，调整后的文字效果如图22-43所示。

图22-42 选择文字

图22-43 调整文字

步骤07| 在文本框中选择段落文本，如图22-44所示，在"段落"面板中设置"首行缩进"
为24pt，如图22-45所示，段落文本效果如图22-46所示。

图22-44　选择段落文本

图22-45　设置参数

步骤08| 重复上述操作，选择段落文本，如图22-47所示。

图22-46　设置首行缩进后的段落文本

图22-47　选择段落文本

步骤09| 在"段落"面板中设置"段前间距" ▼≣ 为10pt，如图22-48所示，段落文本效果如图22-49所示。

图22-48　设置段前间距

图22-49　调整段前间距后的段落文本

22.3.3　使用工具属性栏

文字工具组中各工具的属性栏都是相似的，不管选择工具箱中的任何一种文字工具，它的工具属性栏状态都显示为类似图22-50所示的状态。

图22-50　文字工具属性栏

在该工具属性栏中各主要参数的含义如下。

- ■▼：单击该色块，弹出"颜色"面板，可以根据需要选择色块来更改文本的颜色。
- ☑▼：打开其右侧的下拉列表框，可以设置文本的描边颜色。
- 宋体：用于设置文本的字体，在该下拉列表框中可以选择需要的字体。
- ♦ 72 pt ▼：用于设置文本的字体大小，在该下拉列表框中可以选择字体大小的数值，也可以直接输入数值。
- ▤：该按钮用于设置文本的左对齐。
- ▤：该按钮用于设置文本的居中对齐。
- ▤：该按钮用于设置文本的右对齐。

步骤01 按Ctrl + O组合键，打开一幅素材图像，如图22-51所示。

步骤02 选择工具箱中的"文字工具" **T**，在工具属性栏中使用默认的填充颜色（黑色），设置"字体"为"宋体"、"字体大小"为72pt。

步骤03 移动鼠标指针至当前工作窗口，单击鼠标左键以确定文字的插入点，此时出现闪烁的光标，效果如图22-52所示。

图22-51　素材图像

图22-52　光标显示状态

步骤04 输入文字"绿色源于自然"，效果如图22-53所示。

步骤05 确定输入的文字为被选择状态，移动鼠标指针至工具属性栏中，设置"填色"为白色、"字体"为"华文行楷"、"字体大小"为80pt，更改工具属性栏中的参数设置后，文字效果如图22-54所示。

图22-53　输入文字

图22-54　文字效果

第23章
产品包装设计

随着人类社会的进步，包装设计业在世界范围内得到了突飞猛进的发展。包装设计是人类文化活动的重要组成部分，是体现了人类心智的创造性行为。"包装设计"是指以保护、美化、介绍、宣传、识别和使用产品为主要目的而采取的一种商业性设计手段，它也是平面设计的重要组成部分。

 本章重点

- ◆ 关于包装设计
- ◆ 产品包装设计——茶叶包装
- ◆ 知识链接——封套扭曲

效果展示

23.1 关于包装设计

"包装"从广义上看是产品的容器和保护，人们可以把"包装"理解为用来放置物品的容器，如箱、盒、瓶、盘等，也可以理解为盛放、包扎的操作行为。"包"与"装"是两个不同的概念：包，指外在的造型概念；装，指内在的填装概念。

23.1.1 包装设计的分类

现代包装设计是一门集科学性与艺术性为一体的综合艺术。包装的分类一般是根据商品类别、包装材料、包装技术、储运方式等来划分的。随着现代社会的发展、科学技术的进步，许多新工艺、新材料不断产生，其种类也日趋多样化，且复杂性与交叉性并存，这就有必要将现代化包装设计进行分类，以便有针对性地进行设计。

1. 按包装的形态分类

包装按其形态可分为单件包装、中包装与外包装三类。当然，产品的形态千变万化，许多产品不能将其按单件包装、中包装与外包装明确区分。

（1）单件包装：是指在生产中与产品装配为一体且直接与产品接触、一同销售的包装，主要材料有铝管、玻璃瓶、塑料袋和纸等。

（2）中包装：是指将几个小包装组合成一个新的包装整体（如图23-1所示），作用是加强对产品的保护，在销售时便于陈列。

（3）外包装：是指在单件包装、中包装外增加的一层包装，其材料有木质、纸质与复合材质等（如图23-2所示），作用是加强对产品的保护，便于运输与计算，因此，只设计简单的图形与文字即可。

图23-1　中包装

图23-2　外包装

2. 按包装的使用分类

按其使用进行分类，包装又可以分为食品包装、化妆品及洗涤用品包装、文体用品包装、纺织品包装、五金电器用品包装、药品与保健品包装、玩具包装、日用品与工艺品包装等。如图23-3所示为药品包装。

3. 包装的其他分类

因为包装种类的复杂性与交叉性，还可以从不同角度对其进行分类。

从大的方面进行分类，可以分为工业包装与商业包装。

从材料进行分类，有纸、塑料、金属、玻璃、陶瓷、木、纤维制品、复合材料及其他材料包装等。如图23-4所示为纸质包装。

图23-3　药品包装　　　　　　　　　　　图23-4　纸质包装

以商品的不同价值进行分类，包装可以分为高档、中档与低档。

以容器的刚性进行分类，包装可以分为软、硬、半硬。

以容器的造型结构进行分类，包装可以分为便携式、易开式、开窗式、透明式、悬挂式、堆叠式、喷雾式、挤压式、组合式与礼品式等。

以物流过程中的使用范围进行分类，包装可以分为运输式、销售式和运销两用式。

以所处的空间地位进行分类，包装可以分为内、中、外。

以包装目的进行分类，包装可以分为防潮、防水、防霉、保鲜、防虫、防震、防锈、防火、防爆、防盗等。

■ 23.1.2　包装设计的构成要素

当消费者在商店、超市里琳琅满目的商品中寻觅时，目光在每件商品上停留的时间最多只有几秒钟。因此，产品的包装设计必须是直观的，使消费者对产品的用途一目了然。产品的包装和广告一样，是沟通企业与消费者的直接桥梁，是极为重要的宣传媒介。

"包装设计"是指选用合适的材料，运用巧妙的工艺手段，为包装产品进行的容器结构造型和美化装饰设计。包装设计的三大构成要素是外形要素、构图要素与材料要素。

1. 外形要素

"外形要素"是指产品包装的外形，包括展示面的尺寸和形状。在日常生活中所见到的形态有三种，即自然形态、人造形态和偶发形态。但在研究产品的形态构成时，必须找到适用于任何性质的形态，即把共同的、规律性的东西抽出来，这被称为"抽象形态"。

外形要素，或称其为"形态要素"，是以一定的方法构成的各种千变万化的形态。包装的形态类型包括圆柱体类、长方体类、圆锥体类等，各种新颖的包装形态对消费者的视觉引导起着十分重要的作用，能给消费者留下深刻的印象。

在考虑包装设计的外形要素时，还必须从形式美法则的角度去认识它。按照包装设计的形式美法则，结合产品自身的功能特点，将各种因素有机、自然地结合起来，以求得完美、统一的设计形象。包装设计外形要素的形式美法则主要从八个方面考虑：即对称与均衡法则，安定与轻巧法则，对比与调和法则，重复与呼应法则，节奏与韵律法则，比拟与联想法则，比例与尺度法则，统一与变化法则。

2. 构图要素

"构图"是指将产品包装展示面的商标、图形、文字组合排列在一起的完整的画面。这几方面的组合构成了包装的整体效果。

（1）商标设计：商标是一种实用工艺美术，是符号，是企业、机构、产品和设施的象征形象。商标的特点是由它的功能、形式决定的。它将丰富的内容以更简洁、更概括的形式在相对较小的空间里表现出来，同时需要观者在较短时间内理解其内在的含义。商标一般可以分为文字、图形及文字图形相结合的三种形式。一个成功的商标设计，应该是创意表现有机结合的产物。创意是根据设计要求对某种理念进行综合、分析、归纳、概括，通过思考，化抽象为形象，将设计概念由抽象的评议表现逐步转化为具体的形象设计。

（2）图形设计："包装的图形设计"主要是指对产品形象和其他辅助装饰形象的设计。作为一种设计语言，图形就是要把形象的内在、外在的构成因素表现出来，以视觉形式将信息传达给消费者。在达到此目的之前，图形设计的定位是非常关键的，定位的过程即熟悉产品全部内容的过程。图形就其表现形式可分为实物图形和装饰图形。

1）实物图形：实物图形采用绘画、摄影写真等方法来表现。绘画是包装设计的主要表现手法，根据包装整体构思的需要绘制画面，从而为产品服务。与摄影写真相比，它具有取舍、提炼和概括自由的特点。绘画的直观性强，欣赏趣味浓，是宣传、美化、推销产品的一种重要手段。然而，产品包装的商业性决定了其设计应突出表现产品的真实形象，要给消费者以直观的印象，因此，用摄影写真表现真实、直观的视觉形象是包装设计的最佳表现手法。

2）装饰图形：装饰图形的表现分为具象和抽象两种手法。将具象的人物、风景、动物或植物的纹样作为包装的象征性图形，可以直观地表现包装的内容。抽象的手法多被用于写意，采用抽象的点、线、面的几何形纹样、色块或肌理构成画面，效果简练、醒目，具有形式感，也是包装的主要表现手法。通常，具象与抽象表现手法在包装设计中并非是孤立的，而是相互结合的。

（3）文字设计：文字是传达思想、交流感情和信息、表达某一主题内容的符号。产品包装上的牌号、品名、说明文字、广告文字，以及生产厂家、公司、经销单位等，反映了包装的本质内容。

3. 材料要素

"材料要素"是指产品包装所用材料表面的纹理和质感，它往往影响到产品包装的视觉效果。使用不同表面形状和颜色的材料进行组合，可以使产品包装达到最佳效果。包装用材料，无论是纸质材料、玻璃材料、金属材料或其他材料，都有不同的质地及肌理效果。运用不同的材料并妥善地加以组合、配置，可以给消费者以新奇或豪华等不同的感受。材料要素是包装设计的重要环节，它直接关系到包装的整体效果、经济成本、生产加工方式及包装废弃物的回收处理等多方面的问题。

23.1.3 包装设计的功能

任何实用性的设计，无不涉及到功能、材料和形式三个方面的因素。包装设计是以产品的保护、使用、促销为目的，将科学、社会、艺术、心理等学科的相关知识结合起来的专业性很强的设计学科。包装设计的功能包括保护功能、便利功能、传达功能、美化功能和复用功能。

（1）保护功能：保护功能是包装设计的物理功能，是最基本的功能。一件产品从生产完成直至送到消费者手中是需要一定时间的，在这期间，如果要使产品完好无损，就需要使产品具有质量良好的包装。在日常生活中，经常可以看到防潮、防压、防震等包装，这就是包装设计的保护功能所在。

（2）便利功能：便利功能是包装设计的生理功能，是指产品从生产厂家至消费者手中这一过程的便利。便利功能主要包括便于产品的生产与工艺操作；便于产品的流转，装卸省力；便于产品的展示销售；便于产品的分类保管与拆散、分售；便于产品在商务流通中的识别、分类、拣选、交换等；便于消费者携带、使用；便于消费者提取、开启，使用安全、方便，等等。

（3）传达功能：包装其实是一种传递信息的载体，像一位无声的推销员般为消费者传递着产品的性能、名称、成分、使用方法和价格等信息。因此，产品的包装设计要具有很强的视觉冲击力，以简单明了的文字、协调的色彩及图形吸引消费者的视线，与同类产品相比要做到与众不同，从而使消费者有针对性地进行购买。

（4）美化功能：包装设计的美化功能主要是指包装形象应具有一定的美感，从而使消费者在购买的同时得到的不仅仅是物质上的享受，还有精神上的满足与心灵上的愉悦，并在一定程度上美化和装饰人们的生活环境。

（5）复用功能：产品包装的用量是随着产品种类和数量的上升而增加的，它在满足了人们的物质需求与精神享受的同时，也带来了一系列的问题，特别是当包装被废弃后，作为一种垃圾会对人类的生活环境产生不良的影响。因此，在设计过程中，设计师应考虑包装的两次或多次使用，向节省材料、使用安全材料、方便回收、压缩化、生活器具化等方向发展。

23.1.4 包装设计的基本原则

包装设计是增加产品价值的一种手段，其设计过程不能是杂乱无章的，应遵循一定的原则，其基本原则为实用、经济、美观、科学和创新。

（1）实用："实用"也就是产品的实际使用价值。这是每位设计师在为产品进行包装设计时首先要考虑的，即所做的设计要适合消费者的实用目的，从而满足消费者的生活所需。

（2）经济："经济"针对的是在包装设计过程中所耗费的成本或代价。在产品的包装设计中必须考虑产品的成本，如印刷成本与加工成本等，如果成本太高，必定带动产品价格的提高。因此，在实用的基础上应最大限度地降低成本，从而取得更好的经济效益。

（3）美观："美观"是指产品的整体包装形象应给人以美的感觉。消费者在购买产品时，在一定程度上会受到外形漂亮与否的影响，这就要求生产厂家在保证产品质量的前提下，力求设计出能抓住消费者视线的包装，让消费者在购买与使用的同时，得到精神上的愉悦。

（4）科学："科学"是指包装设计必须遵循客观的市场规律，坚持科学的态度，本着求实的原则，使其为产品服务，进而造福于全社会、全人类。在包装设计中，应反对主观、片面的自我意识，一切从实际出发，把握设计的要点，采用科学的手段。

（5）创新："创新"是指在进行包装设计时应具有创新精神。在实用、经济、美观及科学的基础上，不断创新，大胆突破。没有创新就不会有发现，在创新中追求发展，在发展中不断提高。

23.1.5 包装设计的技法

在设计创作中很难设定固定的构思方法和构思公式。创作多是由不成熟到成熟，有否定与肯定、修改与补充这些过程，这是正常现象。

包装设计的技法应从表现重点、表现角度、表现手法等方面出发，它们是紧密相连、不可分割的。

（1）表现重点："重点"是指表现内容的集中点。包装设计是在有限的画面中进行的，具有空间上的局限性。在确定重点时，要对生产、销售等环节进行比较和选择，这样有利于提高销量。重点的选择主要针对商标牌号、产品本身和消费对象三个方面。具有著名商标或牌号的产品，可以用商标牌号作为表现重点；具有较突出的某种特色的产品或新产品，可以用产品本身作为表现重点；对使用者针对性强的产品，可以用消费者作为表现重点。

（2）表现角度：表现角度是确定表现重点后的深化，即找到主攻目标后还要具体确定突破口。如以商标牌号为表现重点，是表现产品的整体形象，还是表现牌号所具有的含义；如以产品本身为表现重点，是表现产品的外在形象，还是表现产品的某种内在属性及功能效用。事物都有不同的认识角度，在表现上较集中于一个角度，有益于表现的鲜明性。

（3）表现手法：从广义上看，任何事物都具有其自身的特殊性，也都与其他事物有一定的关联。因此，要表现一种事物、一个对象就有两种基本手法，一是直接表现该事物或该对象的一定特征，二是间接借助于该对象的一定特征或间接借助于与该事物有关的其他事物来表现。前者被称为"直接表现"，后者被称为"间接表现"或"借助表现"。

1）直接表现："直接表现"是指表现重点是内容物本身，包括其外观形态或用途、用法等，最常用的表现方法是运用摄影图片。除了进行客观的直接表现外，还有运用以下辅助性方式的直接表现。

①衬托是辅助方式之一，可以使主体得到更充分的表现。衬托的形象可以是具象的，也可以是抽象的。对比是衬托的一种转化形式，也被称为"反衬"，即从反面衬托，使主体在反衬对比中得到强调、突出。

②归纳是以简化求鲜明，而夸张是以变化求突出，二者的共同点都是对主体形象做一些改变。夸张不但有所取舍，而且还有所强调，以使主体形象更合理。

2）间接表现："间接表现"是比较内在的表现手法，即画面中不出现主体形象本身，而是借助于其他相关元素来表现。这种手法具有更加广阔的表现力，往往被用于表现内容物的某种属性或牌号、意念等。就产品来说，有的无法进行直接表现，如香水、酒、洗衣粉等，这就需要使用间接表现法来处理。同时，许多可以直接表现的产品，为了获得新颖、独特、多变的表现效果，也可以从间接表现上求新、求变。间接表现的手法有比喻、联想和象征等。

23.1.6　包装设计的色彩

色彩在包装设计中占有特别重要的地位。在竞争激烈的产品市场上，要使产品具有明显区别于其他产品的视觉特征，更富有诱惑力，能够刺激和引导消费，增强人们对品牌的记忆，都离不开色彩的运用。

色彩不仅具有审美属性，还具有表情属性及语义信息属性。每种不同的色彩都能唤起人们不同的情绪，这是被在人类生活经验中形成的普遍性的感知能力所认同的。在现实生活中，色彩充斥着每个角落，涵盖了人们的衣、食、住、行，装扮着世界，美化着环境，宣传着产品，净化着人们的心灵，这都是色彩表现力的重要体现。

1. 色彩的三要素

为了鉴别、分析、比较色彩的变化，人们提出了色相、明度和纯度的概念，作为鉴别、分析、比较色彩的标准。

"色相"是色彩的相貌，是指能够比较确切地表示某种色彩的名称。

"明度"是指色彩的明暗程度，这是因光线强弱程度的不同而产生的效果。同一色相可以有不同的明度，如红色就有深红、浅红之分。明度一般用黑白度来表示：越接近白色，明度越高；越接近黑色，明度越低。

"纯度"是指某种色彩的饱和程度，是对色彩的强弱而言的。当某一色彩浓淡达到饱和而又无白色、灰色或黑色渗入时，即呈纯色；如果有灰、黑色渗入，即为过饱和色；如果有白色渗入，即为不饱和色。

2. 色彩的表现力

通过不同色彩的包装的表现，可以反映产品的本质与类别，激起消费者的购买欲望。

（1）红色：红色热烈、冲动，是强有力的色彩，易使人联想到太阳、火焰、热血等，具有勇敢、坚强、温暖、兴奋、热情、积极和饱满向上等倾向。但红色也有其不好的一面，暴躁、暴力、危险。红色是我国传统的喜庆色彩。

（2）黄色：黄色在所有色相中明度最高，是一种能引起食欲的色彩，常被用于食品的包装。黄色给人以灿烂、辉煌、高贵、活泼、光明的感觉，可以作为王者的象征，用以表现权威。黄色具有愉快、阳光、智慧、希望、发展和富有等倾向。黄色最不能承受黑色与白色的混合，只要稍微渗入，黄色就会失去光辉。

（3）橙色：橙色（如图23-5所示）由黄色和红色混合而成，具有丰饶、光辉等性质，是暖色系中最温暖的，使人联想到金色的秋天、丰硕的果实，因此，橙色让人感到饱满、成熟和富于营养。橙色本身具有活泼的特征，一旦加入黑色或白色，就会成为稳重、含蓄又明快的暖色；但混入较多的黑色，会成为一种烧焦色，失去其原有特征，变得没有生气。

图23-5　橙色食品包装

（4）绿色：绿色（如图23-6所示）是自然界的色彩，宁静、平和，象征着环保、生命、青春、和平和新鲜等，也有单纯、年轻、宽容之意，但带褐色的绿色让人感觉衰老与终止。

图23-6　绿色食品包装

（5）蓝色：蓝色（如图23-7所示）是性质偏冷的色彩，博大、沉静、理智、冷淡、透明。蓝色容易使人联想到天空、海水、科技、未来，给人以大度、庄重之感，但也会留下刻板、冷漠、悲哀、忧郁和恐惧等印象。

图23-7　蓝色包装

（6）紫色：紫色由红色与蓝色混合而成，寓意虔诚。当紫色深暗时，是蒙昧、迷信的象征。紫色具有神秘、高贵、优美、奢华的性质，但也会使人感到孤寂、消极和不祥。

（7）黑、白、灰色：黑、白、灰色被称为"无彩色"，但在色彩心理上与有彩色具有同样的价值，代表色彩世界的阴极和阳极。黑色有时会使人产生压抑、阴沉、恐怖之感，但也会给人以沉静、神秘、严肃的印象。白色是纯洁和美好的象征，给人的印象为洁净、光明、纯真、清白、朴素、卫生、恬静等。灰色是中性色，特点是柔和、细致、朴素、大方，它不像黑色与白色那样会明显影响其他色彩，作为背景色彩非常理想；灰色还给人以高雅、细腻、精致、文明、有素养的高层次感。

3. 色彩的心理效应

不同的色彩能对人们产生不同的心理效应，引起种种联想，这因人的年龄、性别、文化修养、职业、民族、宗教、生活环境、时代背景及生活经历的不同而有所差异。色彩的联想有具象和抽象两种："具象联想"即看到某种色彩后，会联想到自然界、生活中具体的事物；"抽象联想"即看到某种色彩后，会联想到"理智""高贵"等抽象的概念。

（1）色彩的冷暖感：人们由生活经验中形成各种条件反射。一看到红色、橙色等色彩，就会使人联想到"暖热"的概念，产生温暖感；一看到蓝色、青色等色彩，就会使人联想到"清凉"的概念，产生清凉感。因此，在色彩学上将红色、橙色、黄色等称为"暖色"（如图23-8所示），将蓝色、青色等称为"冷色"（如图23-9所示）。色彩本身并无冷暖的温度差别，是联想作用引起人们心理上对色彩的冷暖感觉。

图23-8　暖色包装　　　　　　　　　　　图23-9　冷色包装

（2）色彩的活泼感与忧郁感：有的色彩使人感到活泼轻松、富有朝气，有的色彩使人感到沉静忧郁、精神不振。色彩的这种情感作用主要是由明度和纯度引起的，一般明亮而鲜艳的暖色给人以活泼感，深暗而浑浊的冷色给人以忧郁感。

23.2 产品包装设计——茶叶包装

本案例设计的是一款茶叶包装，效果如图23-10所示。

图23-10　茶叶包装

■ 23.2.1　绘制立体图

绘制茶叶包装立体图的具体操作步骤如下。

步骤01 按Ctrl + N组合键，新建一个名为"茶叶包装"的CMYK模式的图像文件，设置"宽度"为25cm、"高度"为20cm，如图23-11所示，单击"确定"按钮。

步骤02 按Ctrl + O组合键，打开一幅素材图像，如图23-12所示。

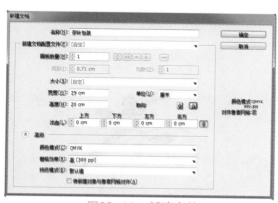

图23-11　新建文件

图23-12　素材图像

第23章　产品包装设计

🧑 **专家提醒**

分辨率可以决定图像品质的好坏。分辨率高的图像效果清晰，但文件大，处理时间长，对设备的要求也高。

可以根据图像的用途和需求来设置分辨率。如果所设计的图像只被用于屏幕显示，则将图像的分辨率设置为72ppi即可；如果所设计的图像被用于打印，则将图像的分辨率设置为150ppi；如果所设计的图像被用于印刷，则图像的分辨率不能低于300ppi。

步骤03| 按Ctrl＋A组合键选择全部对象，按Ctrl＋C组合键复制选择的对象，确认"茶叶包装"文件为当前工作文件，按Ctrl＋V组合键粘贴选择的对象，按Ctrl＋G组合键将选择的对象进行编组，效果如图23－13所示。

步骤04| 保持编组的对象处于被选择状态，执行"对象"|"封套扭曲"|"用网格建立"命令，弹出"封套网格"对话框，设置"行数"和"列数"为1，单击"确定"按钮，建立封套网格，效果如图23－14所示。

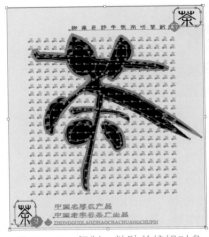

图23－13　复制、粘贴并编组对象　　　　　图23－14　建立封套网格

步骤05| 选择工具箱中的"直接选择工具" ，在当前工作窗口中选择封套对象左上角的锚点，单击鼠标左键并向下拖动，调整封套对象，效果如图23－15所示。

步骤06| 使用与上面同样的方法，在当前工作窗口中调整封套对象的其他锚点，效果如图23－16所示。

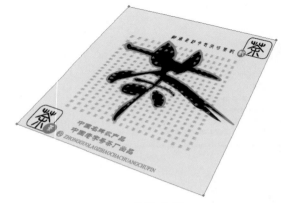

图23－15　调整封套对象　　　　　　　　图23－16　调整效果

步骤07| 双击工具箱中的"渐变工具" ，显示"渐变"面板，设置"类型"为"线性"、"角度"为－90°、渐变色条下方渐变颜色滑块的颜色分别为深灰色（CMYK

的参考值为0、3、0、80）和灰色（CMYK的参考值为0、0、0、36），如图23-17所示。

步骤08｜选择工具箱中的"钢笔工具" ◢ ，在工具属性栏中设置"描边"为"无"，在当前工作窗口中封套对象的右下角绘制一条闭合路径，效果如图23-18所示。

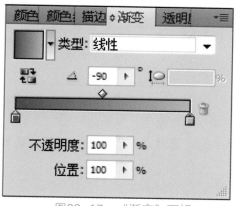

图23-17　"渐变"面板

图23-18　绘制闭合路径

步骤09｜使用同样的方法绘制闭合路径，效果如图23-19所示。

步骤10｜在"渐变"面板中设置"角度"为-113°，绘制闭合路径，效果如图23-20所示。

图23-19　绘制闭合路径

图23-20　绘制闭合路径

技巧点拨

　　在使用"钢笔工具" ◢ 绘制路径时，如果按住Ctrl键的同时在当前工作窗口中的空白区域处单击鼠标左键，可结束路径的绘制。

步骤11｜参照上述操作步骤，绘制其他闭合路径，效果如图23-21所示。

步骤12｜在"渐变"面板中设置渐变色条下方渐变颜色滑块的颜色分别为深绿色（CMYK的参考值为100、0、100、90）、绿色（CMYK的参考值为70、0、73、40），其他设置如图23-22所示。

第23章　产品包装设计

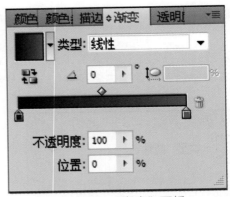

图23-21 绘制闭合路径 　　　图23-22 "渐变"面板

步骤13 运用"钢笔工具" ，在包装正面图的下方绘制闭合路径，效果如图23-23所示。

步骤14 选择工具箱中的"吸管工具" ，移动鼠标指针至当前工作窗口，吸管位置如图23-24所示。

图23-23 绘制闭合路径 　　　图23-24 吸管位置

步骤15 单击鼠标左键吸取该处颜色，选择工具箱中的"钢笔工具" ，在当前工作窗口中包装正面图的右侧绘制闭合路径，效果如图23-25所示。

步骤16 使用同样的方法绘制另一条闭合路径，效果如图23-26所示。

图23-25 绘制闭合路径 　　　图23-26 绘制闭合路径

23.2.2 绘制投影效果

绘制茶叶包装投影效果的具体操作步骤如下。

步骤01 按Ctrl + A组合键选择全部对象，执行"对象"|"编组"命令，将选择的对象进行编组，效果如图23-27所示。

步骤02 保持编组的对象处于被选择状态，执行"效果"|"风格化"|"投影"命令，弹出"投影"对话框，设置"X位移"为0.1cm、"Y位移"为0.4cm，如图23-28所示。

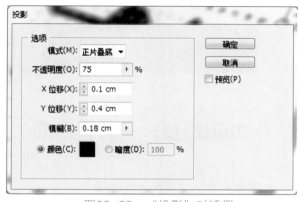

图23-27　编组对象　　　　　　　　　图23-28　"投影"对话框

步骤03 单击"确定"按钮，为选择的对象添加投影效果，效果如图23-29所示。

步骤04 选择工具箱中的"矩形工具" ▢ ，在"渐变"面板中设置"类型"为"径向"、渐变色条下方渐变颜色滑块的颜色分别为白色和黑色，如图23-30所示。

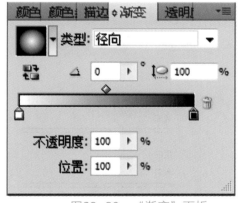

图23-29　投影效果　　　　　　　　　图23-30　"渐变"面板

专家提醒

制作投影效果会在计算过程中消耗相当大的内存资源，因此，如果处理一些较大的图像文件将非常耗费时间，有时系统会弹出对话框，提示用户资源不足。

步骤05 在当前工作窗口中绘制一个与页面相同大小的矩形，效果如图23-31所示。

步骤06 选择工具箱中的"选择工具" ▶ ，在当前工作窗口中选择绘制的矩形，执行"对象"|"排列"|"置于底层"命令，将选择的矩形置于最底层，最终效果如图23-32所示。

图23-31 绘制矩形 　　　　　图23-32 最终效果

23.3 知识链接——封套扭曲

使用"封套扭曲"功能，可以使对象按封套的形状进行相应的变化，从而得到使用基本绘图工具所不能得到的特殊效果。建立封套扭曲的方法有三种，分别是使用"用变形建立"命令、使用"用网格建立"命令、使用"用顶层建立对象"命令。

23.3.1 "用变形建立"命令

在当前工作窗口中选择对象后，执行"对象"|"封套扭曲"|"用变形建立"命令，弹出"变形选项"对话框，如图23-33所示，展开该对话框中"样式"右侧的下拉列表框，可以在如图23-34所示的封套样式中进行选择。

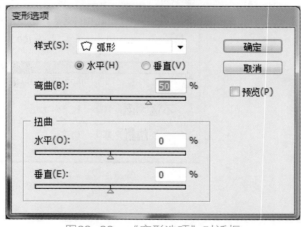

图23-33 "变形选项"对话框 　　　　图23-34 封套样式

该对话框中各主要参数的含义如下。

- 样式：用于设置对象变形的样式，在其下拉列表框中可以选择所需要的样式。
- 水平：单击该单选按钮，表示对象将按水平方向进行变形。
- 垂直：单击该单选按钮，表示对象将按垂直方向进行变形。
- 弯曲：用于设置对象的弯曲程度。在其右侧输入正值，表示对象向上或向左弯曲；输入负值，表示对象向下或向右弯曲。

● 扭曲：用于设置对象在进行变形时是否扭曲。在其下方的"水平"参数用于设置对象沿水平方向扭曲，"垂直"参数用于设置对象沿垂直方向扭曲。

完成各参数的设置后，单击"确定"按钮，即可按照所设置的参数进行变形。

步骤01 | 按Ctrl + O组合键，打开两幅素材图像，如图23-35和图23-36所示。

图23-35 素材图像

图23-36 素材图像

步骤02 | 确定打开的第二幅素材图像为被选择状态，执行"对象" | "封套扭曲" | "用变形建立"命令，弹出"变形选项"对话框，参数设置如图23-37所示，单击"确定"按钮，变形效果如图23-38所示。

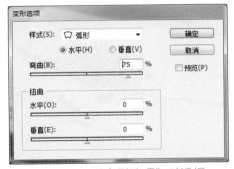

图23-37 "变形选项"对话框

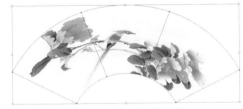

图23-38 变形效果

步骤03 | 确定上述变形对象为被选择状态，执行"编辑" | "复制"命令或按Ctrl + C组合键复制变形对象，确定"折扇"图像文件为当前工作文件，执行"编辑" | "粘贴"命令或按Ctrl + V组合键粘贴变形对象，效果如图23-39所示。

步骤04 | 确定复制、粘贴的对象为被选择状态，移动鼠标指针至该对象的控制手柄处，单击鼠标左键并进行拖动旋转操作，效果如图23-40所示。

图23-39 复制、粘贴效果

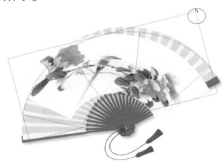

图23-40 旋转对象

步骤05｜ 将对象旋转至合适位置处释放鼠标左键，效果如图23-41所示。

步骤06｜ 移动鼠标指针至对象控制手柄的右下角处，按Alt + Shift组合键，同时单击鼠标左键并进行拖动以进行等比例缩放操作，至合适位置处释放鼠标左键，效果如图23-42所示。

图23-41　旋转效果

图23-42　缩放效果

步骤07｜ 选择工具箱中的"直接选择工具"，对缩放对象的锚点进行调整，选择如图23-43所示的锚点，单击鼠标左键并进行拖动，调整效果如图23-44所示。

图23-43　选择锚点

图23-44　调整锚点

步骤08｜ 使用与上面同样的方法，对其他锚点进行调整，调整效果如图23-45所示。

步骤09｜ 选择工具箱中的"选择工具"，移动鼠标指针至当前工作窗口，选择调整锚点后的对象，执行"窗口"|"透明度"命令，弹出"透明度"面板，在该面板中设置"混合模式"为"正片叠底"，如图23-46所示，最终效果如图23-47所示。

图23-45　调整其他锚点

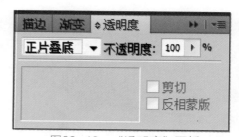

图23-46　"透明度"面板

图23-47 最终效果

23.3.2 "用网格建立"命令

"封套网格"即为对象创建一个矩形网格状的封套，网格上有锚点和方向线，通过调整锚点和方向线可以改变矩形网格的形状，从而使封套中的对象发生相应的变化。

在当前工作窗口中选择需要操作的对象，执行"对象"|"封套扭曲"|"用网格建立"命令，弹出"封套网格"对话框，如图23-48所示。

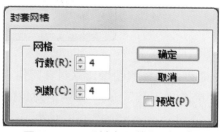

图23-48 "封套网格"对话框

该对话框中各主要参数的含义如下。

- 行数：用于设置建立的网格的行数。
- 列数：用于设置建立的网格的列数。

完成相应的参数设置后，单击"确定"按钮，即可按照所设置的参数建立网格。

步骤01| 按Ctrl＋O组合键，打开两幅素材图像，如图23-49和图23-50所示。

图23-49 素材图像

图23-50 素材图像

步骤02 确定打开的第二幅素材图像为被选择状态，执行"编辑"|"复制"命令或按Ctrl + C组合键复制选择的图像，确定"包装瓶"图像文件为当前工作文件，执行"编辑"|"粘贴"命令或按Ctrl + V组合键粘贴选择的图像并调整其大小及位置，效果如图23-51所示。

步骤03 确定上述复制、粘贴的图像为被选择状态，执行"对象"|"封套扭曲"|"用网格建立"命令，弹出"封套网格"对话框，参数设置如图23-52所示。

图23-51　复制、粘贴并调整图像的大小　　　　图23-52　"封套网格"对话框

步骤04 单击"确定"按钮，即可为选择的图像建立封套网格，效果如图23-53所示。

步骤05 选择工具箱中的"直接选择工具" ，在网格对象的上方选择锚点，如图23-54所示。

图23-53　建立封套网格　　　　　　　　图23-54　选择锚点

步骤06 单击鼠标左键并进行拖动，进行封套扭曲变形，效果如图23-55所示。

步骤07 使用与上面同样的方法，对其他位置的锚点进行扭曲变形，效果如图23-56所示。

图23-55　调整锚点　　　　图23-56　调整其他网格锚点

23.3.3 "用顶层对象建立"命令

　　Illustrator和CorelDRAW都有封套功能，不过Illustrator有一个很方便的命令——用顶层对象建立，可以将文字用已有的一个形状进行变形封套。选择封套形状和想要改变的对象，执行"对象"|"封套扭曲"|"用顶层对象建立"命令即可，在此不再赘述。